U0809154

“应急管理理论与实务”丛书编委会

编委会主任委员： 胡　军

编委会副主任委员： 林如鹏　宋献中

编委会委员：（按姓氏笔画排序）

马宏伟　王　播　王声湧　卢文刚

刘　沛　沈远平　林汉生　林如鹏

林毓铭　周云帆　胡涤非　唐书泽

梁茂春

“应急管理理论与实务”项目负责人： 林毓铭

“应急管理理论与实务”丛书策划： 林毓铭

应急管理理论与实务

灾害社会学

Sociology of Disaster

梁茂春　主编

暨南大學出版社
JINAN UNIVERSITY PRESS

中国·广州

《灾害社会学》参编人员

马　欢　左　晴　张　曼　沈　阳　周祖竣

胡长静　梁茂春　蒋杭君　雷景程

总　序

中国正处在社会转型与体制转轨、机遇与风险并存的高风险期，社会的急速变化加上各种自然灾害与人为事故纠结在一起，公共危机问题被迅速地集中和放大，蕴涵着各类不可忽视的风险。金融、环境、信息、流行疾病、民族分裂主义、自然灾害等诸多非传统安全危机已成为威胁国家安全的组成部分，这些非传统安全危机深刻地考验着中国政府的执政能力。面对非传统安全危机，加强执政能力建设，趋利避害、化解风险已成为中国政府长期面临的重要课题。从 2006 年 1 月国务院颁布《国家突发公共事件总体应急预案》起，就意味着战略性地应对公共危机已提升至国家高度。

“突发公共事件”是指突然发生的，造成或者可能造成重大人员伤亡、财产损失、生态环境破坏或严重社会危害，危及公共安全的紧急事件。随着各国社会经济的快速发展，各类突发公共事件的危害日益凸显。突发公共事件主要分为自然灾害、事故灾难、公共卫生事件、社会安全事件四类；按照其性质、严重程度、可控性和影响范围等因素分成四级，特别重大的是Ⅰ级，重大的是Ⅱ级，较大的是Ⅲ级，一般的是Ⅳ级。一国政府应对突发公共事件的能力已经成为评价其执政、施政能力的一个重要绩效标准。

北京大学丁元竹教授曾把中国社会的风险归结为十个方面：就业问题、三农问题、金融问题、贫富差距、生态与资源问题、台湾问题、全球化问题、国内治理危机、信心和诚信问题、艾滋病和公共卫生问题。这些风险是当代发展中国家走现代化、城市化荆棘之路的共性，也是正在进行追赶型、跨越式发展的中国社会不得不面对与思考的问题。能源安全、环境安全、生态安全、金融安全、网络安全、信息安全、卫生安全、文化安全等涉及社会生活的多个领域，具有隐蔽性、危险性、突发性和非确定性的特点。21 世纪以来，各种自然灾害、事故灾难、公共卫生事件、社会安全事件等频频发生，往往使国家遭受重大损失。研究社会转型期各类重大的突发公共事件和社会经济风险，以及自然条件状态下的各种自然灾害和次生灾害所带来的应急管理问题，提高突发公共事件应急管理能力成为政府不可回避且亟待解决的现实课题。

中央综治办主任陈冀平曾指出，从目前的社会形势看，新的社会矛盾将不断产生，原有的一些社会矛盾可能随之凸显，并呈现出经济领域的新矛盾与其他领域的矛盾相互影响、相互作用的局面。这主要表现为涉及农村土地征用、城镇房屋拆迁、国有企业改革、部分军队退役人员安置等方面的信访问题已十分突出，非法集资、股市房市受损、高校毕业生就业、医疗、养老、环境污染、城市公共服务与管理等诱发群体性事件的因素也正在增多。由经济纠纷引发的暴力讨债、绑架、哄抢等“民转刑”案件可能更加频繁，流动人口犯罪、多发性侵权犯罪和非法集资等涉众型经济犯罪可能更加明显，城市社会治安问题向农村蔓延扩散的趋势可能更加突出，尤其是个人极端事件有可能进一步增多，治安问题的敏感性将会进一步增强，一起普通的刑事案件或治安案件有可能转变为社会热点问题，甚至诱发其他矛盾和问题。

近50年来，世界经济发展步伐加快，在石化能源体系支撑下形成了如火电、石化、钢铁、建材、有色金属等高碳工业群，并由此衍生出汽车、船舶、航空、机械、电子、化工、建筑等行业。气候变化主要是由人为活动排放的二氧化碳、甲烷、氧化亚氮等温室气体造成的。全球变暖的后果是冰川融化、海平面上升、生态系统退化和自然灾害频发。从企业应急管理和经营发展的长远视角来看，企业外部市场变幻莫测，内部管理与控制日趋复杂。外部风险包括市场风险、竞争风险；内部风险则包括品牌风险、战略风险、文化风险、团队风险、领导人风险、财税风险、舆论风险、法律风险和技术风险等。

马凯在《求是》杂志中撰文指出，我国正处于工业化、城镇化快速发展时期，各种传统的和非传统的、自然的和社会的风险、矛盾交织并存，公共安全和应急管理工作面临的形势更加严峻。归纳起来，应急管理面临的态势包括四个方面：一是自然灾害处于频发期。我国是世界上自然灾害最为严重的国家之一，灾害往往具有种类多、分布地域广、发生频率高、造成损失重等特点。特别是近年来，极端气候事件频发，中、强地震呈活跃态势，自然灾害及其衍生、次生灾害的突发性和危害性进一步加剧。二是安全生产形势严峻。我国经济发展较快，能源、资源、运输供给长期偏紧，再加上安全生产基础薄弱，一些地方和企业责任不落实、监管不到位，生产安全事故发生率居高不下，重、特大事故时有发生。三是公共卫生事件防控难度增大。公共卫生事件的诱因和影响都呈较强的国际性特点，全球新发的三十多种传染病已有半数在我国出现，重、特大疫情和群体性不明原因疾病时有发生。随着人口流动量的加大和流动速度的加快，疾病的防控难度加大，造成的损失更加严重；而在食品、药品生产经营中，市场秩序混乱、源头污染严重、监管力量薄弱等问题尚未得到根本解决。四是社会安全面临新的挑战。我国改革发展进入关键阶段，各种利益关系错综复杂，国家安全面临的形势更加严峻，维护社会稳定的任务更加艰巨。对当前国际金融危机造成的重大影响和可能引发的各类突发公共事件，我们要有充分的准备。

2008 年 3 月 14 日，少数不法分子在西藏拉萨制造了打砸抢烧暴力事件，烧死或杀死藏汉群众 18 人，给当地人民群众生命和财产安全造成重大损失。2009 年乌鲁木齐“7 · 5”打砸抢烧严重暴力犯罪事件又造成 197 人死亡，其中绝大多数是无辜群众。后面这场打砸抢烧暴力事件的发生，是由以热比娅为首的境外敌对势力和境内极少数不法之徒极力炒作的广东韶关旭日玩具厂群殴事件，把一个一般的治安案件说成是民族事件，从而极力煽动民族仇恨所致的。虎年春节期间，山西省的晋中、太原、吕梁、长治、晋城、阳泉等地区到处都是地震将发的言论，一场大规模的群众恐慌在山西蔓延。2010 年 2 月 20 日晚至 21 日凌晨，许多山西人离家，躲避在广场、公园等地，夜不归宿，甚至开车逃往外乡。许多山西人在户外度过了一个不眠之夜。造谣人利用网络传播大地震谣言，而政府机构最初也处于一片迷乱中，直到 21 日早晨，山西省政府及各地区地震部门通过媒体及移动通信转达了政府公告，称群众这次避震行动为谣言所惑，要广大群众安心。此类民生事件实则是 2007 年哈尔滨水污染事件中短信传播哈尔滨要发生大地震的翻版。非常事件与突发事件应该由民调机构和覆盖面广的大众媒体联合发布，以正视听。

应急管理是指政府及其他公共机构在对突发公共事件的事前预防、事发应对、事中处置和善后管理过程中，通过建立必要的应急机制，采取一系列必要措施，以保障公众生命和财产安全，促进社会和谐、健康发展的有关活动。美国佐治亚州州立大学著名应急管理学家威廉 · L. 沃认为：“应急管理就是对风险进行管理，以使社会能够与环境或技术危险要素共存，并应对环境、技术危险要素所导致的灾害。”应急管理是对突发公共事件的全过程管理，根据突发公共事件的预警、发生、缓解和善后四个发展阶段，可分为预测预警、识别控制、紧急处置和善后管理四个过程。应急管理又是一个动态管理，包括预防、准备、响应和恢复四个部分，均体现在管理突发公共事件的各个阶段。

应急管理是一个完整的系统工程，可以概括为“一案三制”，即突发公共事件应急预案，应急机制、体制和法制。以政府应急管理为主线，围绕政府应急管理决策、技术管理、社会动员与响应机制等层次展开研究，达到在紧急状态下各行为主体凝聚人心、从容应对、缓解危机、减少缺失的效果。政府危机管理即政府在公共危机事件发生之前、发展过程之中和后危机时期，为减少和消除危机造成的危害和损失，根据危机管理计划和程序而对危机直接采取的对策及管理措施。它是在政府常态型危机管理基础上紧急状态的管理。各种信息资源、物质资源、人力资源如何高效配置与有效运作，如何防止灾害的蔓延与次生灾害的扩大等均是政府应急管理在紧急状态下需要解决的关键问题。我国正处于经济体制和经济增长方式双重转轨的特殊时期，存在着诱发公共危机的潜在制度及非制度因素。高度重视公共危机管理、建立公共危机的预警机制和政府干预公共危机体系尤为必要。应急管理的基础是常规性政府危机管理，只有基础工作常抓不懈，才能在紧急状态下临危不乱。

发达国家十分重视突发公共事件应急管理的研究，其研究范围覆盖了灾害或危机产生、发展、消亡的整个过程。日本是较早开展城市应急管理研究的国家，研究的领域和能力不断拓展，研究的水平处于世界前列。美国也在“9·11”事件发生后，组建了部级的美国国土安全部（DHS），此部门的设立标志着美国国家级突发公共事件应急管理体系从“综合应急管理”提升到“国家安全应急管理”的高度。相关国际组织也非常重视突发公共事件应急管理。联合国第二届世界减灾大会发表的《兵库宣言》要求各国将防灾减灾、保障国民生命和财产安全“作为国家的第一责任”，并将“确保减灾成为各国政府部门的工作重心之一”列为《兵库行动框架》（2005—2015 年）提出的五个行动重点之一。世界各国的政府部门、学术团体和专门机构已经开始从事各种针对突发事件的预防、监测、预报、识别、测定、控制、应急预案制定、事发时的快速反应及救灾、灾后的快速评估与重建的研究。

美国的乔治华盛顿大学、马里兰大学、北达科塔州立大学和加拿大的尼加拉瓜学院等高校，在一些领域均有较为系统的研究，包括危机与应急管理，流行病及预防医学，危机和应急管理中的信息技术、自然、技术危害以及恐怖袭击之风险管理，大规模恐怖行动的预防和反应之危机管理，灾后重建以及组织持续之减灾管理，健康与医疗应急管理等各个方面。上述研究系统地为政府层面与技术层面的公共危机与应急管理技术提供了强有力的理论指导。

公共危机与突发事件已成为构建和谐社会和可持续发展的重要隐患，如何有效应对突发事件、妥善预防和处理危机越来越引起社会各界的高度重视。2006 年 1 月国务院颁布《国家突发公共事件总体应急预案》，标志着从战略上应对公共危机已被提升至国家高度。中央进一步明确提出，要建立健全社会预警体系，提高保障公共安全和处置突发事件的能力。2007 年 8 月，全国人大常委会通过了《中华人民共和国突发事件应对法》。汪永清、莫于川、韩大元等学者对该法进行了阐释。另一些学者，如徐高、莫纪宏等，则比较系统地研究了国外针对处理紧急状态下的法律制度。目前，我国的应急管理研究基本上处于以介绍国外经验，对其存在的问题及对策等事实进行描述和提出对策措施为主的阶段，而对法理以及制度比较的研究尚欠深入，难以为应急管理的依法施行提供充分的理论支持。另外，对危机处理研究较多，对事后重建和救济研究较少，不利于达到依法规范政府行政行为、缓解公众利益和私人利益的矛盾、维护社会稳定的目的。

关于灾害及突发公共事件应急工程的研究，国内外已经积累了大量的研究成果。从第一个应急管理国际组织——国际应急管理工程协会诞生之日起，各类研究成果层出不穷。这些成果几乎囊括了火灾、地震、矿井塌陷、核泄漏事故等各个领域的灾害。我国从 20 世纪 80 年代末开始新增了许多研究学报和学术期刊，如《自然灾害学报》、《环境污染与防治》、《环境卫生工程》、《中国环境管理》、《中国减灾》等，针对我国自然灾害以及事故灾难的防灾减灾研究已经较为深入。目前国内较为集中的研究主要体现在城市灾害应急与管理，区域应急管理实务预案、演练及绩效，突发事件应急管理，现代城市公共安全应急管理，领导干部预防和处置突发公共事件实用指南与案例分析，公共危机与管理，国家与政府的危机管理，灾难性事故与事件应急处置，城市安全学，政府应急管理实务，中央和大城市政府应急机制建设，灾害应急处置与综合减灾，地震应急等研究领域。

政府应急管理和企业应急管理均需要建立应急管理综合平台和预案，运筹帷幄才能在非常态情境下保持临危不乱。但是无论国内还是国外，对于突发公共事件的研究普遍侧重于对技术和具体方法应用的应急工程研究，并形成了一类特殊管理理论与方法——应急管理，而蕴涵其中的基础科学问题研究还没有得到广泛关注。这样就构成了面向突发公共事件的应急管理和应急工程两个模块紧密结合、相辅相成的研究层面。其中，应急管理中的科学问题研究是应急工程问题研究的基础，而后者又是在前者指导下的实践。

从2008年暨南大学获教育部批准，在全国率先招收应急管理专业本科生并成立全国首家应急管理学院，到2009年广东省“211工程”三期重点学科建设项目“应急管理理论与实务”正式立项，再到暨南大学应急管理研究中心成立并成为广东省高校重点人文社科研究基地，暨南大学得到了广东省政府、省政府应急办的大力支持和社会各界的广泛关注，我们深感责任的重大与使命的神圣。应急管理属于新型交叉管理学科，“211工程”三期重点学科建设项目共设置了二十余个选题，从政治、经济、管理、公共卫生、新闻处置、社区与区域合作、应急管理史、应急管理平台等多个领域进行研究，试图对完善中国应急管理理论作出富有成效的尝试，也期盼对中国应急管理工作有所指导与借鉴。丛书的出版难免存在这样或那样的疏漏，期待读者给予批评指正。

广东省政府应急办　暨南大学应急管理研究中心
广东省“211工程”三期重点学科建设项目
“应急管理理论与实务”丛书编辑委员会
2011年6月

目　录

第一章　灾害社会学导论

本章概述

阐述国内外灾害社会学的基本发展历史与现状、学科定位、概念界定、灾害社会学研究的特点与研究范畴。

近年来，随着突发事件和灾害的频繁发生，灾害研究备受自然科学和人文社会科学各学科的重视，成为一个新兴的多学科研究领域。2006 年，美国国家研究委员会的报告描述了社会学和其他社会科学领域开展灾害研究的学术群体的状况，并将之划分为三个主要的研究群体：毕生致力于灾害研究的核心研究者；主要从事其他领域研究同时在一定时期内从事灾害研究的研究者；因所在地区发生灾害而偶然从事灾害研究的学者。[1] 这些群体中最活跃的研究人员便来自社会学界。

第一节　灾害社会学的发展历史

目前，灾害社会学研究发展比较快的国家主要有美国、德国和意大利等，其中美国在这一领域的研究一直居于世界社会学界的主导地位。中国的灾害社会学研究起步较晚，只有二三十年的历史。在这里，我们简要地介绍灾害社会学研究在美国、德国和中国的发展历史与现状。

---

① National Research Council. *Facing Hazards and Disasters: Understanding Human Dimensions*. Washington, DC: The National Academies Press, 2006.

一、美国的灾害社会学研究

在美国，最早的灾害社会学研究可以追溯到20世纪初。哥伦比亚大学的加拿大籍博士研究生萨姆·普林斯（Samuel Prince）于1920年完成的博士论文《灾难与社会变迁：对哈利法克斯爆炸事件的社会学分析》① 被公认为美国最早的一项灾害社会学经验研究（empirical study）。这项研究运用社会学的理论与研究方法，对发生在加拿大的哈利法克斯船只爆炸事件进行了分析。

1917年12月6日，在加拿大的哈利法克斯（Halifax），一艘法国军火商军火船只SS Mont-Blanc与一艘比利时救济委员会租用的挪威船只相撞，10分钟后满载TNT炸药的军火船发生大火，并于第25分钟发生爆炸，导致2 000多人死亡，9 000多人受伤，20 000多人无家可归，爆炸船只附近2 000米左右海域的所有建筑物和其他东西都被摧毁，包括那些里士满和达特默斯的附近社区。这次爆炸引起该港口一次海啸，空气中的冲击波折断树木、折弯铁轨、摧毁建筑物、搁浅船只，并将蒙特·布兰克号的碎片带到几公里之外的地方。这起爆炸是1945年广岛原子弹爆炸之前最大的人为爆炸，也是迄今为止最大的非战争人为爆炸。②

普林斯以“哈利法克斯事件”为案例，描绘和分析了这一大型灾难事件的组织反应过程，并将其研究结论高度抽象为适用于解释其他灾害现象的理论。普林斯在论文中提出了一连串可供经验检验的研究假设，第一次应用社会理论来解释人们对灾害的行为反应，使这篇博士论文成为关于灾害问题的第一项由社会学者开展的经验研究文献。而移民美国的俄罗斯裔社会学家索罗金于1942年撰写的《灾难中的人与社会》则是最早的一部灾害社会学理论著作。以上两人被英文学术界公认为是灾害社会学的开山之祖。③

直到冷战早期，美国社会学界才有学者开始对自然灾害以及美国国内发生的一些极端事件开展研究，研究的主要是政府和军事家们比较关注的问题。例如，民众将对核打击产生怎样的反应？在核袭击面前社会公众是否出现恐

---

① Samuel Henry Prince. *Catastrophe and Social Change*: *Based upon a Sociological Study of the Halifax Disaster*. New York: AMS Press, 1968.

② http://en.wikipedia.org/wiki/Halifax_Explosion.

③ Russell R. Dynes. Cross-Cultural International Research: Sociology and Disaster. *International Journal of Mass Emergencies and Disasters*, 1988, Vol. 6, No. 2.

1917 年 12 月 6 日，加拿大哈利法克斯爆炸 15～20 秒后，在 21 千米外拍摄到的景象

慌？造成重大伤亡的核袭击是否使人们无法积极地参与战时恢复工作？核袭击巨大破坏是否将导致社会动乱？不过，直到 1949 年美国的灾害社会学研究才获得持续的经费支持，美国政府也开始鼓励对灾害现象和问题进行研究。早期的研究大多是在美国国家科学院国家研究委员会下属的灾害研究委员会（the Committee on Disaster Studies）资助下进行的。该委员会为灾害研究设立了一个交流中心，并提供一定的研究经费资助。1950 年初，福利茨（Charles Fritz）主持的芝加哥大学全国民意研究中心（National Opinion Research Center，NORC）的研究人员就人类应对灾害的态度与行为反应进行了多次调查。该调查对人们应对灾害的行为反应进行了分类研究，重点分析相关组织机构对灾难打击后的应急反应。[①] 1961 年，福利茨在美国著名社会学家墨顿等人主编的《当代社会问题》一书中对灾害研究领域的研究成果进行了回顾总结，并提出“灾害是一种特殊形式的社会问题”的观点。[②] 1969 年，巴顿（Barton）对数十年来的一系列灾害研究文献进行回顾后，写出了一部包括几个相互联系的理论假设框架的巨著，这部著作对后来许多年的灾害研究具有重要

① Fritz C. E.，Marks E. The NORC studies of human behavior in disaster. *J. Soc. Sci*，1954，Issues 10：26－41.

② Merton，Robert K. and Robert A. Nisbet（eds.）. *Contemporary Social Problems.* New York：Harcourt，Brace & World，Inc.，1961.

的指导意义。①

1963 年，夸兰特利（E. L. Quarantelli）和代尼（R. R. Dynes）在俄亥俄州立大学成立灾害研究中心，这成为美国灾害研究的一个重要里程碑，从此美国社会学界研究灾害问题有了专门机构。这一研究中心的开拓者们继承了国家民意研究中心早期研究人员的快速反应传统，对许多自然灾害和科技灾害以及其他社区公共危机进行及时的研究，所研究的灾害类型不仅包括飓风、洪水、地震、龙卷风、危险化学品、飞机失事等，也包括社会暴乱，如 1992 年洛杉矶暴乱等社会危机事件。其关注点聚焦于对组织的应急反应和社会行为的研究。他们提出了几种分析方法，用于解释灾害事件中的组织反应行为。1985 年，灾害研究中心搬迁到特拉华大学。尼格（J. Nigg）和特尔内（K. Tierney）成为灾害研究中心的实际负责人。当时，夸兰特利和代尼已退休，但仍在中心进行研究。研究中心后来扩大了其研究范围，并出版了一系列有影响的研究成果。研究人员自灾害研究中心成立以来曾涉足美国许多地区乃至其他国家如墨西哥、加拿大、日本、意大利和土耳其等，大约开展了 600 多项田野研究。这些田野研究主要由来自多所大学的社会学系、司法系、工程系等教师和科研人员主持。研究人员还包括博士后、研究生、本科生和其他研究助手。这些研究都试图为减灾政策的制定提供咨询参考，事实上有相当一部分研究成果已经被采纳和应用。特拉华大学的灾害研究中心不仅保存了自己收集的资料，而且将其他大学或研究机构的研究成果和相关文献资料收入数据库。其数据库的文献资料超过了 50 000 项（部、篇等），在灾害的社会行为的文献资料收集方面是全球最为完整的。

1972 年，德拉贝克（T. E. Drabek）、米勒蒂（D. S. Mileti）和哈斯（J. E. Haas）等开始汇总所有的灾害研究成果，并于 1986 年出版了一部对当代灾害研究者仍有重要影响的著作《人类对灾害的反应：社会学研究的总结》。②

1976 年，吉尔伯特·怀特（Gilbert F. White）在科罗拉多大学建立自然危机研究与应用信息中心（Natural Hazards Research and Applications Information Center，NHRAIC，后更名为自然危机研究中心），获得了包括联邦应急管

① Barton，Allen H. *Communities in Disaster*：*A Sociological Analysis of Collective Stress Situations.* Garden City，New York：Doubleday and Company，Inc.，1969.

② Thomas E. Drabek. *Human System Responses to Disaster*：*An Inventory of Sociological Findings.* New York：Springer-Verlag，1986.

理局和国家自然科学基金会在内的许多联邦机构的联合资助。怀特是一名地理学家，但他的“自然危机观点”对后来的灾害社会学研究产生了重大的影响。怀特从 20 世纪 30 年代起就开始从事相关研究并建议政府关注水资源、洪涝以及其他自然环境事务。与夸兰特利一样，怀特在芝加哥大学获得博士学位，曾在芝加哥地质局先后担任职员和局长。1969 年转到科罗拉多大学后，怀特引进自然科学基金会研究项目，开展对自然危机研究的评估工作，并于 1976 年建立了自然危机中心。根据怀特早期所提出的这些概念框架，自然危机中心开展了对人类社会适应自然危机的研究。适应主要指逃避危险，例如，通过制订土地使用计划及其发展限制，通过一些措施诸如建立法规来减少极端自然灾害的破坏，通过保险分散风险、对不同社会单元（如家庭、社区）的分析制定应对各种极端灾害的措施、研究灾害应急与灾后重建等。研究活动因此集中于灾后应急以及如何评估灾害周期等两大方面。中心培养了社会科学各学科如地理学、社会学、经济学和政治学背景的研究生，为灾害研究者提供了一个重要的跨学科研究平台。中心主要有四个方面的功能：①信息交流。例如，通过《自然灾害观察家》（*The Natural Hazards Observer*）、灾害研究系列专刊、《灾害研究》（*Disaster Research*，电子版通讯）进行交流。②信息图书馆服务。③研究。例如，为灾害研究提供“快速反应资助”。④每年举办一次灾害研究工作坊，鼓励研究者和实际工作者参与，同时传播有关防灾减灾方面的最新知识。这个中心还建立了全国性的灾害研究成果联网系统。

1988 年，曾在特拉华大学灾害研究中心成为第一代田野研究负责人的温格（D. E. Wenger）在得克萨斯 A & M 大学建立了减灾与灾后恢复中心（Hazards Reduction and Recovery Center）。该中心主要对减缓风险、灾害预防、灾害应急以及灾后恢复方面进行研究。研究人员来自各个学科领域，包括建筑学家、工程学家、地理学家、心理学家、社会学家等。中心也为住户、职业人士、商人和学术团体提供风险信息资料。

社会学研究人员参与的相关灾害研究机构还有：1978 年设立于克拉克大学的“技术、环境与发展中心”（Center for Technology，Environment and Development，CENTED），亚利桑那州立大学的灾害研究室（Office of Hazard Studies），匹兹堡大学的城市研究中心（Center for Urban Research），科罗拉多州立大学的灾害评估灾难室（Hazard Assessment Laboratory）和灾害管理小组（Hazard Management Group），橡树岭国家实验室（Oak Ridge National Laboratory），得克萨斯 A & M 大学的减灾与灾后恢复中心（Hazards Reduction and Recovery Center）等。

> 小资料
>
> **美国灾害社会学研究的代表人物**
>
> 创始人：Samuel Prince（哥伦比亚大学）、Charles Fritz（芝加哥大学和美国科学院）。
>
> 第一代：E. L. Quarantelli 和 R. R. Dynes（俄亥俄州立大学、特拉华大学）、J. E. Haas（俄亥俄州立大学、科罗拉多大学）、Ralph Turner（加利福尼亚大学洛杉矶分校）、Fred Bates（佐治亚大学）。
>
> 第二代：首先是最早成立的灾害研究中心（DRC）毕业的研究生们，包括 T. E. Drabek（就职于丹佛大学）、G. A. Kreps（就职于威廉玛丽学院）、R. A. Stallings（就职于南加利福尼亚大学）、W. A. Anderson（就职于美国国家卫生基金会，NSF）、D. E. Wenger（就职于特拉华大学和得克萨斯 A & M 大学，减灾与灾后恢复中心主任）、B. E. Aguirre（得克萨斯 A & M 大学）、K. J. Tierney（加利福尼亚大学洛杉矶分校和特拉华大学，灾害研究中心执行主任）、D. M. Neal（北得克萨斯大学）、B. D. Phillips（得克萨斯女子大学）、T. R. Forrest（北卡罗莱那大学夏洛特分校）。其次是科罗拉多大学毕业的研究生们，包括 D. S. Mileti（就职于科罗拉多州立大学和科罗拉多大学，自然灾害研究与应用信息中心主任）、M. K. Lindell（密西根大学的心理学家）、R. C. Bolin（新墨西哥州立大学）、P. A. Bolton（西雅图的 Battelle 人类事务研究中心）、J. H. Sorensen（Oak Ridge 国家实验室的地理学家）。再次是加利福尼亚大学洛杉矶分校毕业的研究生们，包括 J. M. Nigg（亚利桑那州立大学和特拉华大学，灾害研究中心执行主任）。最后是佐治亚大学毕业的研究生，包括 W. G. Peacock（就职于佛罗里达国际大学）。

虽然灾害研究是一个多学科的研究领域，而且似乎自然科学的研究人员对灾害的研究更多一些，但社会学家在灾害研究领域的作用却一直举足轻重。著名的“灾害研究委员会”（RCD）就是从事灾害研究的社会学家所创立的学术性组织。作为被国际社会学会正式承认的、拥有近 48 名委员的组织，它发挥了促进国际学术界对灾害开展联合研究的功能。先后担任该组织主席职务的都是从事灾害研究的著名社会学家，如夸兰特利（1982—1986）、代尼（1986—1990）、德雷贝克（1990—1994）和斯坎伦（T. Joseph Scanlon，1994—1998）等。此外，该组织负责联络世界各地的灾害研究者，并召开相关研讨会。例如，1994 年在德国的比勒费尔德召开的研讨会有来自 15 个国家的研究者，共提交了 49 篇论文。在每四年召开一次的国际社会学大会中，该组织主席负责灾害研究分会的主持工作。上述情况均表明，社会学在灾害研究领域的作用确实是不容忽视的。

二、德国灾害社会学的发展

与世界其他国家相比，德国并不能算是一个自然灾害频发的国家，除了战争这个人为灾害之外，其他的人为灾害非常少。但是德国对灾害研究却非常重视，政府为防范大规模灾害，专门成立了联邦内政部长咨询委员会，对危害国家安全和社会稳定的风险因素进行研究，并不定期地撰写风险报告。德国基尔大学的社会学教授拉斯·克劳森（Lars Clausen）和另一位学者威兰德·扎格（Wieland Jager）曾服务于这个机构，并成为德国从事灾害社会学研究的第一代学者。拉斯·克劳森曾担任这个咨询委员会的主席。该委员会先后于 1996 年、2001 年和 2006 年发表“风险报告”。2006 年，报告主要就关键基础设施的保护、自然灾害预警、应急救援、食品与饮用水供应等方面进行了深入分析，并提出了相应的对策建议。①

尽管德国的灾害社会学研究与美国有一定的差距，但却有其独特的一面。较早从事灾害研究的扎格仔细地分析了美国的灾害社会学研究成果，并作出了严厉的批判，认为美国的灾害社会学是“科学研究的败笔”。他认为，与美国的灾害社会学研究者的观点相反，世界上根本就不存在无阶级、无冲突的社会，也不存在那种当灾害降临时千家万户仍然能够紧密团结的、田园式的幸福社区。他提出了一个理论分析框架，并将社会体系与灾害联系起来，认为灾害并非来自社会的外部，而是来自社会内部的阶级冲突，是社会内部各方利益冲突的结果；灾害其实是一个社会性事件，它就像“社会的其他消极产品（如污染和营养不良）一样被人们生产和消费”。不过，他似乎已走向了一个极端：断言灾害将随着冲突和阶级斗争的终结而消失。

① 参见 http：//de. wikipedia. org/wiki/Schutzkommission_ beim_ Bundesminister_ des_ Innern.

克劳森的部分观点与扎格的观点相似，他也否定灾害是来自社会外部的突发事件，认为不能将灾害的产生与社会过程割裂开来。他否认自然灾害与人为灾害之间在发生原因上存在差异。不过，与扎格不同，他并不认为阶级冲突是灾害产生的唯一原因，而是认为灾害产生的核心原因是在社会存在结构性差异的环境下积极的社会因素与消极的社会因素的相互作用。[①]

1978 年，克劳森等人在《重大应急事件》杂志发表了题为“灾害社会学的新问题：一个理论注释”的文章，探讨了社会学关于灾害的基本概念、灾害社会学新的分析思路等问题。[②] 1992 年，他在《自然灾害》（*Natural Hazards*）杂志发表了一篇题为“社会结构性差异与灾害产生的长期性根源”的学术论文，提出了用以解释灾害产生的宏观社会学模型。[③] 这篇论文对英文世界的灾害社会学研究产生了较大的影响。尽管灾害社会学研究只是克劳森的研究兴趣之一，但由于他在德国社会学界的崇高地位（1993—1994 年曾担任德国社会学会会长），他所开创的灾害社会学研究也影响了德国其他社会学者对灾害的研究。

另一位德国著名的社会学家汤布劳斯基（Dombrowsky）也在灾害研究领域获得了丰硕的成果。与前面两位社会学家不同，他的研究重点主要集中于灾害社会学，并发表了大量的灾害社会学研究成果。1983 年，他与克劳森开展合作研究，为德国联邦内政部长咨询委员会提供决策咨询，并合著了德文版《灾害社会学入门》一书。同年，他在国际著名应急管理研究期刊《群体性突发事件与灾害研究》发表了一篇题为“雪灾中的凝聚力”的英文学术论文[④]。他长期任职于德国基尔大学灾害研究中心（1987 年担任副主任，2002 年担任主任），1990—1994 年，为国际社会学学会灾害研究委员会的副主席。1995 年，他在同一刊物发表有重要影响力的论文“再论灾害是否我们所说的

---

① Dombrowsky，W. R. Critical Theory in Sociological Disaster Research. In Russell R. Dynes，Bruna De-Marchi and Carlo Pelanda. *Sociology of Disasters：Contribution of Sociology to Disaster Research.* Milano，Italy：Franco Angeli，1987. 340 – 351.

② Lars Clausen，Paul Conlon，Weiland Jagger and Stephan Metreveli. New Aspects of the Sociology of Disaster：A Theoretical Note. *Mass Emergencies*，1978（3）：61 – 65.

③ Lars Clausen. Social Differentiation and the Long-term Origin of Disasters. *Natural Hazards*，1992，VI（2）：181 – 190.

④ Dombrowsky，W. R. Solidarity During Snow Disasters. *International Journal of Mass Emergencies and Disasters*，1983，Vol. 1，No. 1：189 – 205.

‘灾害’？关于灾害社会学研究对象概念化的一些注释”[①]；2002 年，他在国际最负盛名的灾害社会学家罗伯特·斯达林斯所主编的《灾害研究方法》一书中发表了“灾害研究方法的变化与挑战：电子传媒与资料收集的全球化”[②]。这些英文论文的发表使得德国灾害社会学研究获得了国际社会学界的关注，也使得汤布劳斯基在国际灾害社会学领域拥有很高的地位。

三、中国的灾害社会学研究

尽管中国的灾害社会学研究起源于何时难有定论，但相对于欧美国家而言，这一社会学分支学科在中国确实起步较晚。1979 年社会学学科建设工作恢复后，灾害社会学的研究才逐步得到社会学界的关注，一些以“灾害社会学”为题的著作和论文开始出现在人们的面前。

1998 年，湖南人民出版社出版了《中国灾害研究丛书》，推出了《灾害社会学》、《灾害学导论》、《灾害历史学》、《灾害经济学》、《灾害管理学》等著作。《灾害社会学》的作者王子平就灾害社会学的基本原理、灾害与人、灾害与社会、灾害文化与灾害观念、灾害心理与灾害道德、灾害的社会对策、自然及人为灾害的趋势研究等进行了阐述。

2000 年，甘肃人民出版社出版了《灾害社会学研究》。这是作者段华明、刘敏的国家社科规划“八五”重点课题的最终成果。这本书被认为是“一部尚不多见的从社会学维度研究灾害的著作。该书主要从灾害与社会交互作用和减灾社会化两大视角上，对灾害问题进行社会学梳理和诠释，涉及灾害与人、灾害与社会、灾害与哲学、灾害与心理学、灾害与文化、灾害与法学等理论范畴，开拓了灾害研究的新领域和减灾认识的新意境，对于更加全面深入地认识作为‘全球问题’之一的灾害问题，具有独到的学术地位和难得的实证价值”[③]。

---

① Dombrowsky, W. R. Again and Again: Is a Disaster What We Call “Disaster”? Some Conceptual Notes on Conceptualizing the Object of Disaster Sociology. *International Journal of Mass Emergencies and Disasters*, 1995, Vol. 13, No. 3: 241－254.

② Dombrowsky, W. R. Methodological Changes and Challenges in Disaster Research: Electronic Media and the Globalization of Data-Collection. In Stallings, Robert A. *Methods of Disaster Research*. Philadelphia: Xlibris Publisher, 2002. 122－138.

③ 詹天庠．灾害研究的新境域——简评《灾害社会学研究》．南方经济，2001（8）．

自20世纪90年代开始，一些探讨灾害社会学的论文开始出现在学术刊物上。不过，这些论文多出自自然科学研究者之手，发表这些论文的刊物则多为自然科学刊物，社会学研究人员的相关论文并不多见。

赵延东关于“社会资本与灾后恢复”的研究是我国社会学者的一项有一定影响的经验研究。这项研究根据大型经验社会调查影响，全面分析了微观和宏观两个层面的社会资本在受灾社区居民灾后恢复过程中的作用。他在研究中发现：受灾居民在灾后恢复期间可利用嵌入于自己社会网络中的资源获得正式和非正式支持，从而更快更好地恢复正常生活。但同样的社会网络会对人们不同类型的活动产生不同的结果。社会弱势群体更加依赖于自己的强关系网络，这可能对其经济恢复带来不利影响。就宏观社会资本的作用而言，居民的信任对灾后恢复起着相当积极的作用，而居民的社会参与的作用则较为复杂。在制定灾害治理政策时，应考虑对弱势群体的政策倾斜，同时应充分利用当地已有的社会网络和社会组织，动员当地居民积极参与到灾后重建的工作中来。①

四、国际灾害社会学研究的交流与合作

20世纪中下半叶，美国社会学家开始了系统的灾害社会学研究。期间的十多年，美国的三个主要的灾害研究中心就是由社会学家所创建的。其他一些国家的学者紧随其后，也投入这一研究领域。1966年在法国的埃维昂和1970年在保加利亚的瓦尔纳召开的两届国际社会学大会上，一些有关灾害社会学研究的论文开始出现。到20世纪70年代，国际社会学会开始成立灾害社会学研究的工作组。1982年，工作组获得国际社会学会批准，正式成立灾害社会学研究委员会。首届主席为夸兰特利，任期四年。除了每年定期组织国际社会学大会灾害社会学相关论坛之外，灾害社会学研究委员会还出版发行了两种刊物，一是作为专业委员会网络在线的研究通讯《突发性事件》（*Unscheduled Events*），一是专业的学术刊物《群体性突发事件与灾害研究国际期刊》（*International Journal of Mass Emergencies and Disasters*）。②

---

① 赵延东．社会资本与灾后恢复：一项自然灾害的社会学研究．社会学研究，2007（5）．

② E. L. （Henry）Quarantelli. International Sociological Association Research Committee on Sociology of Disasters RC39. *Unscheduled Events*, 2006, Vol. 25, No. 2.

《突发性事件》分别于每年的1月、5月和9月发行，每年三期。主要是便于灾害社会学专业委员会成员之间进行学术的交流与沟通。

《群体性突发事件与灾害研究国际期刊》自1983年起，每年定期出版三期，主要刊登关于灾害与重大应急事件所导致的社会与个人行为的研究，发表有关灾害与重大应急事件的理论、经验与政策研究文章和书评。研究论文主要涉及对有关灾害与应急事件，诸如洪水、地震、爆炸及大火灾、集群运动和暴乱、能源与电力中断、化学品中毒、核辐射和其他形式的紧急事件的研究，探讨如何预防、减缓灾害的危害，如何对灾害作出应急反应，以及加强灾后重建。该刊物被定位为“国际灾害社会学论坛”，鼓励世界各地的学者参与研究，并优先发表那些对灾害问题开展跨文化研究的论文。刊物分为五个部分：①经验研究与理论研究。这是刊物的核心内容。②书评与影视评论。对有关灾害与重大应急事件的相关研究文献和影视进行批评性评论。③编辑评语。④批评之声。开设专栏，通过邀请专家撰稿或自愿投稿的形式就某些具有争议性的话题展开讨论。⑤读者回馈。主要发表读者给编辑人员的信件，以及对当前灾害研究问题的一些未经专家审定的简短评论。目前，该刊已成为国际学术界开展灾害研究交流的一个重要阵地。为了加强国际的跨学科合作研究，灾害社会学研究委员会决定，除近三年的刊物收费订阅外，其他过刊全部挂在网上，供公众免费阅读和下载。[①]

国际社会学会无疑已成为国际开展灾害社会学研究与合作的主要推动力，而一些国家的作用也不应忽视。美国在这方面一直走在前列。20世纪90年代之前，这些国际合作的研究主要有如下几项：①1953年，欧洲数个国家出现了洪水灾害，荷兰西南部地区尤为严重。这时美国的灾害研究委员会与荷兰的社会学家取得联系，并提供资助对洪灾进行了三个方面的研究。②罗尔·克利福得（Roy Clifford）于1954年对美墨界河里奥格兰德河（Rio Grande River）洪灾的研究是一项比较研究。③本杰明·麦路奇（Benjamin McLuckie）于1970年开展的三国跨文化比较研究。这是俄亥俄州立大学的一篇博士论文，主要探讨意大利、日本和美国三个国家对灾害压力的功能反应，其中一个国家主要面对的是地震的灾害，另两个则是针对水灾。④罗纳德·佩里（Ronald Perry）等人于1983年就灾害对美国与日本社会的影响进行了比较分析，并指出了火山爆发与社会组织功能的演变之间存在密切的关联。⑤1982

① 参见http：//www.ijmed.org/.

年，美国佐治亚大学的贝特斯牵头与同校的三个研究所、科罗拉多大学以及中美洲—巴拿马营养学研究所等机构组成研究小组，对 1976 年的危地马拉地震进行研究。这项研究的目的是评估灾后重建工作的有效性，并对灾害与社会变迁的关系进行分析。该小组在 26 个社区中进行了三次访谈调查，由危地马拉籍的访谈员从事访谈工作，访谈问题涉及家人情况、受灾害影响后的生活条件、灾害救助过程等五个方面的问题。⑥美国圣·约翰大学的学者所主持的 1980 年南意大利地震重建过程的研究也是一项国际性研究。这两位研究者均出生于意大利，以意大利语为母语，并在美国的学术机构工作了一段时间。他们分析了地震对意大利一些地方社区所产生的影响。⑦1985 年 9 月 19 日墨西哥发生地震不久，在美国国家科学基金会的要求和资金资助下，美墨两国的社会学研究者开展了合作研究。这项研究主要涉及社会大众和组织对地震的反应方面的问题。⑧另一项国际合作研究项目由美日两国学者主持，这项研究获得了日本广播协会基金会的资助，来自美国的灾害研究中心和日本东京大学新闻交流研究所的研究人员共同合作探讨灾害中的大众传媒问题。他们分别使用事先准备好的田野调查方案在各自的国家里开展研究。日本学者对 1982 年发生在长崎的洪水和山体滑坡以及发生于 1983 年的一次海啸进行了研究。美国学者则主要是对发生于 1983 年得克萨斯州的艾丽西亚飓风以及 1984 年发生于俄克拉荷马州图萨发生的大洪水进行研究。各自的田野调查和分析结束后，美日两国研究者聚集于美国进行比较研究。①

第二节　灾害社会学的学科定位与研究范畴

一、各学科的研究视角

实际上，许多学科都参与了对灾害的研究，这使得多学科视角成为灾害研究领域的一个显著特征。例如，地理学、经济学、政治学、心理学、社会学等，它们从不同的角度、使用不同的方法对灾害进行了研究。我们只有比

---

① Russell R. Dynes. Cross-Cultural International Research：Sociology and Disaster. *International Journal of Mass Emergencies and Disasters*，1988，Vol. 6，No. 2.

较不同学科在研究应急事件和灾害问题上的不同视角和方法，才能够更好地把握社会学这一学科的研究特点，并对它在灾害问题研究的角度和范畴作出比较准确的定位。本节将首先简要介绍西方各学科学者的灾害研究概况，然后通过对这些学科的研究视角进行比较，阐明灾害社会学的学科特点。

1. 政治科学

政治科学主要探讨政府在灾害应对中的作用，以及中央与地方政府、地方政府之间在灾害应对中的协作问题。以政治科学理论与方法研究灾害问题的著名学者有彼得·梅（Peter May）和里查德·塞尔斯（Richard Sylves）等。其中，从事政治科学与国际关系研究的塞尔斯教授在《群体性突发事件与灾害研究国际期刊》上发表了“美国应急管理的协作化：政治挑战与组织挑战”一文。他分析了美国联邦应急管理机构（FEMA）自 1981 年开始启动的协作化应急管理系统（IEMS）在处理应急事件中的协作效率及运作成本问题。研究发现，美国 IEMS 系统的运作过程存在着许多难题，主要是地方政府之间在应急灾害时难以保持紧密的协作、应急管理机构缺乏权威性（尤其是联邦应急机构这一层次）、各级地方政府在应对灾害时缺乏全局观念，这些因素都严重阻碍了 IEMS 系统的应急效率。[①] 2006 年，另一位政治学家马尔文·欧拉斯基（Marvin Olasky）出版了一部灾害政治学著作《灾害政治学：卡特里娜飓风、大政府与未来危机的新策略》。此书以卡特里娜飓风为个案，探讨了政府和大众传媒对灾害的应急反应，以及相关的公共政策制定与实施的过程。[②]

2. 公共管理

较早以公共管理学的视角对灾害开展研究的有威廉·佩泰克（William Petak）和威廉·沃夫（William Waugh）。其中佩泰克在《公共管理评论》上发表了“应急管理：公共管理的挑战”一文。在这篇文章中，他指出当今公共行政的新挑战为灾害管理，也就是政府在发生重大灾害的危急情况下，如何制订完善的管理计划，以确保人民生命和财产的安全。该文认为灾害管理过程应包括灾害的减缓（mitigation）、灾害的准备（preparedness）、灾害发生

---

① Richard T. Sylves. Adopting Integrated Emergency Management in the United States: Political and Organizational Challenges. *International Journal of Mass Emergencies and Disasters*, 1991, Vol. 9.

② Marvin Olasky. *The Politics of Disaster: Katrina, Big Government, and a New Strategy for Future Crises*. Scotland: Thomas Nelson Inc., 2006.

时之回应（*response*）以及灾害后的复原（*recovery*）四个阶段。①

3．经济学

灾害经济学是从成本与效益的角度研究灾害预测、灾害防治和灾害善后过程的学科。以经济学视角对灾害问题开展研究的较重要的人物是霍华德·肯罗德（Howard Kunreuther）。② 他在《风险分析》发表了一篇题为“关于危险垃圾处理的态度：谁来清扫垃圾？谁来埋单？”的论文。在这篇论文中，他指出，美国应对垃圾品处理问题的主要方法是根据1980年的责任法案（*Liability Act*）。为了使危险垃圾得到尽快的清除，法案对责任人实施严格的责任追究，以确保政府可获得相应的补偿用于垃圾品的处理费用。但这一方法是否可行？作者就此开展了一项问卷调查，调查对象为60名美国石化公司的首席执行官、57名经济学家、94名环境学家、29名从事危险废品政策研究的专家、89名法官和104名议员。调查结果发现，如果按照政府的补偿标准去实施危险垃圾品处理办法，相关责任企业只需为危险垃圾清理支付一部分费用，其他费用则需由政府负责。

4．人类学

自20世纪80年代以来，出现了一小群研究灾难的人类学者。有三本书可以代表他们的成果：一是安东尼·奥利弗—史密斯（Anthony Oliver-Smith）和苏珊娜·霍夫曼（Susanna M. Hoffman）合编的《愤怒的地球：人类学视角中的灾难》；二是苏珊娜·霍夫曼和安东尼·奥利弗—史密斯汇编的《灾害与文化：灾难人类学》；三是皮尔斯·布莱基等合著的《处于险境：自然灾害、人类的脆弱和灾难》。目前的灾难人类学有四种研究取向：考古和历史的取向、政治—生态的取向、应用取向、社会—文化及行为的取向。③

5．地理学

灾害地理学研究地理环境中各类自然灾害的发生、发展和分布的地理规律，及其对地理环境的影响和防治对策。灾害地理学研究领域的著名人物包括美国罗格斯特大学的地理学教授詹姆斯·K. 米切尔（James K. Mitchell）和作为地理学家、灾害社会学家的怀特（1911—2006）。前者曾对灾害地理学

---

① William J. Petak. Emergency Management：A Challenge for Public Administration. *Public Administration Review*，1985（45）：3－7.

② Jonathan Baron，Rajeev Gowda，Howard Kunreuther. Attitudes Toward Managing Hazardous Waste：What Should Be Cleaned Up and Who Should Pay for It？*Risk Analysis*，1993（13）：183－192.

③ 纳日碧力戈．灾难的人类学辨析．西南民族大学学报（人文社科版），2008（9）．

的研究动向做过一些总结，于1993年发表“灾害研究近年的发展：地理学家的研究视角”① 一文，较全面地介绍了当时灾害地理学的发展状况；而怀特博士曾担任美国地理家学会主席（1961—1962）和国际科学联盟理事会主席（1976—1982），也曾是美国联邦应急事务管理委员会国家预防洪水项目评估的负责人，担任过《环境》杂志的执行编辑。第24届国际地理大会上专题讨论了地理环境中的灾害问题。目前研究重点有三个方面：①分析各类自然灾害区域分异规律、形成机制和本质联系、发生发展趋势，进行定量分析评定；②各种防御措施的效果分析，进行经济核算，提出最佳防御决策；③区域开发、国土整治中的灾害地理预测与评价研究。地域分异、时序演变、整体性规律、系统理论等仍将是灾害地理学的理论基础。除传统的地理学方法外，利用遥感技术进行大面积动态监测和监测网定位观测相结合仍是基本方法。现代地理学中引进的耗散结构论、突变论和协同论，对灾害地理学理论和实践有重要意义。目前灾害地理学仍处于理论和方法的探索中。

6. 心理学

灾害心理学主要探讨的是当人为与自然灾害发生后幸存者的心理问题。例如，心理学家邦尼·L. 格林（Bonnie L. Green）曾就洪水灾害将导致怎样的长期性精神健康后果的问题进行过深入的研究，发表了“布法罗溪河幸存者的第二个十年：压力症状的稳定性”② 一文，成为这一研究领域的经典文献。灾害发生后的心理救助是灾害心理学主要关注的问题。他认为，灾后最重要的是要组织灾后应急服务队。服务队的首要职责是在灾害发生的72小时内为灾害的幸存者提供心理援助；另一职责则是评估灾区的精神健康需要，并提供必要的援助。

7. 历史学

灾害历史学是一门关于灾害历史的学问。灾害历史学交叉学科的性质决定了其研究对象兼具灾害学和历史学两个领域的基本特征，而又有所区别。从内容上看，它包含灾害学的研究对象；但在时间对象上，它着眼于过去，

---

① James K. Mitchell. Recent Developments in Hazards Research: A Geographer's Perspective. In: E. L. Quarantelli and Konstantin Popov. *Proceedings of the United States-Former Soviet Union Seminar on Social Science Research on Mitigation for and Recovery from Disasters and Large-Scale Hazard.* Volume 1: The American Participation, Newark, Delaware: Disaster Research Center, University of Delaware, 1993. 43 - 62.

② Bonnie L. Green, Jacob D. Lindy, Mary C. Grace, et al. Buffalo Creek Survivors in the Second Decade: Stability of Stress Symptoms. *American Journal of Orthopsychiatry*, 1990 (60): 43 - 54.

这是历史学最根本的特征。[①] 在西方，对灾害历史学领域作出一定贡献的学者有大卫·麦库姆（David McComb）。他的代表作是《大汤普森洪水：自然灾害侧写》[②]。这是一本关于灾害的非同寻常的著作，记叙了1976年美国大汤普森峡谷洪水之灾。这场洪水导致科罗拉多州最好的峡谷风景区145人死亡、400多间房屋和50多家企业被毁。这本书的独特之处在于：书中有90多张从现场拍摄的照片，占据该书三分之一的篇幅。麦库姆收集了来自新闻报道、出版物以及口述访谈的资料。丰富的资料与严密的分析，使该书成为灾害历史学的一部经典之作。

8. 城市规划学

这一学科认为，城市是人类赖以生存的重要环境之一，而城市规划对城市防灾起着重要作用。城市综合防灾减灾规划在构筑和谐社会中起着重要作用。城市是一个地区政治、经济、文化科技的中心，是人口、产业和社会活动高度聚集的地区。城市人口集中、产业集中、财富集中、建筑物与构筑物（包括基础设施）集中的特点决定了城市在各类灾害发生时损失的严重性及其广泛的社会、经济、心理影响。这方面，有两位比较重要的学者雷蒙德·J.伯比（Raymond J. Burby）和大卫·R. 戈萨克（David R. Godschalk）。[③] 前者已出版有关城市规划方面的著作14部，并在美国规划学会刊物、《环境规划与管理杂志》等重要刊物发表过有影响的论文。他擅长以城市规划学的视角来研究灾害问题，其代表作是："卡特里娜飓风与政府的灾害政策悖论"[④] 和"国家的综合规划是否可减少自然灾害导致的保险损失?"[⑤]戈萨克则是美国著名的城市与区域规划师和美国注册规划师学会研究员。他的代表作是："自然

---

① 孙连捷，张梦欣．安全科学技术百科全书．北京：中国劳动社会保障出版社，2003.

② David McComb. *Big Thompson Flood*: *Profile of a Natural Disaster.* Boulder, Colorado: Pruett Publishing, 1980.

③ James M. Holway and Raymond J. Burby. Reducing Flood Losses: Local Planning and Land Use Controls. *Journal of the American Planning Association*, 1993 (59): 205 – 216.

④ Raymond J. Burby. Hurricane Katrina and the Paradoxes of Government Disaster Policy: Bringing About Wise Governmental Decisions for Hazardous Areas. *The Annals of the American Academy of Political and Social Science*, March, 2006: 171 – 91.

⑤ Raymond J. Burby. Have State Comprehensive Planning Mandates Reduced Insured Losses from Natural Disasters? *Natural Hazards Review*, May, 2005: 67 – 81.

灾害政策模式中公众参与：综合规划的挑战”① 和“城市减灾：创造具有弹性的城市”②。

以上各学科的灾害研究取向见表1-1。

表1-1　各学科的灾害研究取向

学科	代表人物	研究问题举例
政治科学	Peter May Richard Sylves	究竟是哪些政治因素造成了不同地区洪水减灾项目实施效果的差异?
公共管理	William Petak William Waugh	洪水减灾项目多元共治的立法过程是如何发展的?
经济学	Howard Kunreuther	洪水减灾项目的可选实施方案的成本收益比如何?
人类学	Anthony Oliver - Smith Anthony F. C. Wallace	哪些民俗文化适应模式有助于社区在洪水灾后的恢复?
地理学	James K. Mitchell Gilbert F. White	城市和乡村的民众对洪水多发地带土地使用的认识有怎样的差异?
心理学	Bonnie L. Green	洪水灾害将导致怎样的长期性精神健康后果?
历史学	David McComb	历史上半干旱地区发生洪水的情况如何?
城市规划	Raymond J. Burby David R. Godschalk	为什么不同地区的城市规划者对洪水易发地带的土地使用态度存在明显差异?

资料来源：Emergency Management Institute. Sociology of Disaster. http：//training. fem a. gov/emiweb/edu/sodis. asp.

其他学科如法学、应急医疗、医院管理、公共卫生、新闻出版、会计学、工商管理等，也都对灾害有一定程度的研究。

---

① David R. Godschalk. Public Participation in Natural Hazard Policy Formation：Challenges for Comprehensive Planning. *Environmental Planning and Management*, September, 2003.

② David R. Godschalk. Natural Hazard Mitigation：Creating Resilient Cities. *Natural Hazards Review*, August, 2003.

二、灾害社会学的定义

灾害社会学是社会学的一个新兴的分支学科。但什么是灾害社会学？目前国内外学者对它的界定不尽相同。

美国学者亨利 · W. 菲舍尔三世（Henry W. Fischer，III）特别强调灾害社会学关于突发或灾害事件对社会结构影响的研究，认为灾害将导致正常运行的社会结构（由规范、角色和社会制度等要素构成）难以为继，临时性社会结构将出现，以满足受灾害社区或社会的应急需求。①

我国的灾害研究者也有相似的观点。我国最早的灾害社会学研究者之一、《灾害社会学》的作者王子平认为，灾害社会学“是研究灾害而引起的社会非常态恶性的一门应用社会学”，“是运用社会学理论和方法，研究灾害发生、后果及减灾的整个过程中所发生的社会现象与社会行为的一门应用社会学”。

陆益龙认为，灾害社会学正是对灾害的各种社会属性加以考察、探讨和研究的社会科学学科之一。

笔者比较认同菲舍尔的定义，即灾害社会学是运用社会学的理论与方法对突发事件和灾害发生前后的社会结构进行研究的学科。

三、灾害社会学的研究内容

关于灾害社会学的研究内容，目前学界的观点不一。我们不妨首先了解一些学者所编写的灾害社会学的教学提纲和他们的具体看法。

近年来，美国学者菲舍尔曾在美国宾夕法尼亚州的米勒威尔大学教授《灾害社会学》课程，其教学提纲的基本框架如下：①灾害社会学导论；②灾害的测量维度；③人们对灾害的行为反应；④人们对灾害认知的社会化：媒体与灾害；⑤组织对灾害的反应；⑥社区的抗灾与减灾能力建构；⑦新的灾害形式：人为的大灾难。②

---

① Henry W. Fischer，III. *The Sociology of Disaster*：*Definitions*，*Research Questions*，& *Measurements in a Post-September 11, 2001 Environment*. Paper submitted for presentation at the annual meetings of the American Sociological Association，Atlanta，2003.

② http：//training. fema. gov/EMIWeb/edu/DISASTERSYLLABUS. pdf.

2008 年，罗里·匹克（Lori Peek）在美国科罗拉多州立大学教授《灾害社会学》课程，其教学提纲与菲舍尔教授明显不同。他的课程教学内容可算是灾害社会学的“经典研究文献选读”，每个章节均没有具体的细目，都只列出了供学生阅读的一些经典文献。从以下这些研究文献细目中，我们可以看到罗里·匹克对灾害社会学研究内容的理解：①灾害研究的历史；②社会学与灾害研究；③灾害的迷思、现实与文化表征；④灾害对社区的影响；⑤社会脆弱性：理论分析；⑥灾害、种族与社会阶级；⑦性别与灾害；⑧儿童与灾害；⑨老年人与灾害；⑩灾后安置与灾后恢复；⑪灾害、语言障碍与身体残疾；⑫灾害与社会变迁。[①]

美国国土安全部应急管理研究所主持编写了《灾害社会学》，其教学提纲更为详尽，包括如下 33 个章节：什么是灾害；为什么研究灾害；充满灾害的环境；灾害研究的历史，灾害社会学史中的重要人物；灾害社会学的理论取向；灾害预警反应；家庭撤离模式；社区预警与撤离；特殊人口的撤离；灾害预警案例；社区预警系统的实践；多变量理论模型的建构；灾害研究方法；受灾者对灾害的反应；非受灾者对灾害的反应；灾害中的盗窃行为；临时应急机构；多元的应急组织网络；灾害反应的理论；灾害反应的分析策略；灾害对个人、家庭和社区的长期影响；灾害中的媒体；应急管理者的职业化；地方应急计划委员会；应急管理信息的使用；减灾问题研究；灾害保险；减灾实践；风险沟通；风险的社会建构；田野考察：红十字会，地方、州和联邦应急机构；灾害研究的未来趋势；多学科的视野。[②]

以上分别是美国两所大学和美国国土安全部应急管理研究所的《灾害社会学》教学提纲。大学的教学内容似乎更侧重于学术性研究，关注社会学研究的传统议题，如灾害中的社会变迁、社会资本、社会分层等问题；而政府部门则更关注应对灾害的社会力量与政策实践问题。目前包括在灾害社会学研究领域处于领先水平的美国在内的英语国家，依然没有正式的《灾害社会学》教材出版，但我们从其教学大纲的基本框架即可大致了解西方灾害社会学研究的基本内容。

---

① http：//wsnet. colostate. edu/CWIS584/Lori_ Peek/teaching. aspx.

② http：//training. fema. gov/emiweb/edu/sodis. asp.

小资料

美国大学和政府应急管理机构的《灾害社会学》教学提纲

米勒威尔大学

美国学者亨利·W. 菲舍尔三世近年曾在美国宾夕法尼亚州的米勒威尔大学教授《灾害社会学》课程，其教学提纲的基本框架如下：

（一）灾害社会学导论

1. 为什么要研究灾害社会学

2. 灾害社会学研究的历史及各发展时期的代表人物

普林斯博士与哈利法克斯爆炸事件

灾害研究中心（美国特拉华大学）

自然危险研究中心（美国科罗拉多大学）

灾害研究期刊

专业组织：国际社会学会灾害研究委员会、国际应急管理者学会

3. 社会学的研究视角

（二）灾害的测量维度

1. 什么是灾害

突发事件、危险与灾害的区别

Fischer 的灾害量表、灾害运行周期与灾害事件发生频率

灾害中的社会经济差异

2. 危险与灾害的类型

自然危险：飓风、龙卷风、地震、海啸、火山爆发、洪水、旱灾、火灾、饥荒

技术危险：危险物品（存放地与运输过程）、核电站事故、电网崩溃、互联网崩溃、恐怖主义（传统武器、核武器、生化武器和大规模杀伤性武器的使用）

（三）人们对灾害的行为反应

1. 人们在“灾害发生时”的行为反应模式

有关灾害反应的错误观点

虚与实：人们的行为模式

田野调查：个案研究与影视作品

埃夫拉塔大火

安多弗龙卷风

2. 灾害行为研究的方法与伦理

(四) 人们对灾害认知的社会化：媒体与灾害

1. 人们如何从大众媒体中获得对灾害的认知

影视产业、广播产业与纸质传媒

我们如何获得此印象

灾害报道的历史趋势

2. 新闻报道和编辑的规范

正常时间的规范

灾害发生时期的规范

灾害发生时期的行为

3. 灾害发生时段媒体的影响

爱与恨——相信与不相信

为何媒体既带来祸害又带来福音

(五) 组织对灾害的反应

1. 认知与现实：组织人员对灾害的反应模式

案例点评：安德鲁飓风、危险品紧急处理小组（HazMat）

2. 应对灾害的组织类型

私营机构与慈善机构：红十字、门诺教派灾害安抚会、救世军

公立机构：联邦、州与地方的应急管理机构

日常的与灾害时期的地方应急管理机构

应急监控中心

有效的沟通——什么样的信息传递才是成功的

媒体的有效参与

联邦与州应急管理机构的目标

3. 应对灾害的专业力量：培训、教育以及职业发展路径

联邦应急管理机构的目标、国家灾害应急培训学院、资格认证、远程教育

(六) 社区的抗灾与减灾能力建构

1. 减灾与灾害应急

2. 规划的影响

建设社区的合作网络

评估社区的灾害风险

了解与应对减灾需求

加强沟通、更新信息

3. 社区应用规划

（七）新的灾害形式：人为的大灾难

1. 改变世界的“9·11”与我们的看法

2. 历史教训与冷战遗产

3. 关于恐怖主义的社会学视角

4. 核武器、生化武器、大规模杀伤性武器和恐怖分子引发的灾难

5. 国内的防控措施

6. 抗击恐怖主义的战争

科罗拉多州立大学

2008 年，罗里·匹克在美国科罗拉多州立大学的《灾害社会学》教学提纲与菲舍尔教授的明显不同。他的课程教学内容可算是灾害社会学的“经典研究文献选读”，每个章节中没有具体的细目，都只列出了供学生阅读的一些经典文献。从这些研究文献细目中，我们也可以看到他对灾害社会学研究内容的理解。

（一）灾害研究的历史

1. Fischer，Henry W. 什么是灾害？应对灾害：人们认知中的虚幻与现实．纽约：美国大学出版社，1998

2. Quarantelli，E. L. 灾害研究：影响灾害研究发展的社会历史因素分析．群体性突发事件与灾害研究，1997

（二）社会学与灾害研究

1. Mileti，Dennis S. 社会学研究方法与灾害研究：灾害社会学对灾害研究的贡献．Franco Angeli 出版社，1987

2. Michaels，Sarah. 稍纵即逝的信息与永恒的洞察力：快速反应研究．超越“9·11”：关于后灾害研究，科罗拉多州立大学行为科学研究所出版，2003

（三）灾害的迷思、现实与文化表征

1. Tierney，Kathleen，Christine Bevc，and Erica Kuligowski. 隐喻之

事：卡特里娜飓风中的灾害迷思、媒体构架及其后果．美国政治与社会科学年刊，2006

2．Fischer，Henry W. 人们对灾害的行为反应．应对灾害：人们认知中的虚幻与现实．纽约：美国大学出版社，1998

3．Mitchell，Jerry T. 胶卷生活与真实生活中的灾祸：好莱坞电影中解不开的灾害迷思．群体性突发事件与灾害研究，2000

（四）灾害对社区的影响

1．Fritz，Charles E. 灾害．当代社会问题．纽约：Harcourt，Brace and World 出版社，1961

2．Erikson．事出有因：遭受布法罗洪水破坏的社区．纽约：Simon and Schuster 出版社，1976

3．Peek，Lori and Jeannette N. Sutton. 灾害、暴乱与恐怖分子袭击：一个探索性比较分析．灾害，2003（4）

（五）社会脆弱性：理论分析

1．Cutter，Susan L.，Bryan J. Boruff and W. Lynn Shirley. 面对环境危险的社会脆弱性．社会科学季刊，2003（2）

2．Peacock，Walter Gillis and A. Kathleen Ragsdale. 社会体系、生态网络与灾害．安德鲁飓风：种族、性别与灾害社会学．纽约：Routledge 出版社

（六）灾害、种族与社会阶级

1．Dyson．卡特里娜飓风与灾害的肤色．Basic Civitas Books 出版社，2006

2．Bolin，Bob. 种族、阶级、族群与灾害的脆弱性．灾害研究手册．纽约：斯普林格出版社，2006

（七）性别与灾害

Alice Fothergill. 生死边缘：大福克斯城洪水中的性别、阶级与家庭．纽约：SUNY 出版社，2004

（八）儿童与灾害

1．Babugura，Agnes A. 旱灾中儿童与青少年的脆弱性：博茨瓦纳的个案分析．儿童、青年与环境，2008（1）

2．Mitchell，Tom，Katharine Haynes，et al. 儿童、青年在灾害风险

沟通的角色．儿童、青年与环境，2008（1）

（九）老年人与灾害

克林纳伯格．热浪：芝加哥灾难的社会剖析．2002

（十）灾后安置与灾后恢复

1．Nieburg，Phillip，Ronald J. Waldman and Donald M. Krumm. 卡特里娜飓风：人口的撤离——外国难民危机的教训．英格兰医药杂志，2005（15）

2．Myers，Norman. 环境难民．人口与环境，1997（2）

（十一）灾害、语言障碍与身体残疾

1．Aguirre，Benigno E. 无人预警的莎拉药萨龙卷风．群体性突发事件与灾害研究，1988（1）

2．Van Willigen，Marieke，Terri Edwards，et al. 在风暴中安然无恙：身体残疾者在波尼、丹尼斯和弗洛伊德飓风中的经历．自然灾害评论，2002（3）

（十二）灾害与社会变迁

Monday，Jacquelyn L. 灾后恢复过程的社会公正与代际平等．灾害的全面恢复：自然灾害后地方可持续发展的理想建构．科罗拉多大学自然灾害研究与应用信息中心，2005

美国国土安全部应急管理研究所

美国国土安全部应急管理研究所主持编写的《灾害社会学》教学提纲更为详尽：①什么是灾害？②为什么研究灾害？③充满灾害的环境；④灾害研究之历史，灾害社会学史中的重要人物；⑤灾害社会学的理论取向；⑥灾害预警反应；⑦家庭撤离模式；⑧社区预警与撤离；⑨特殊人口的撤离；⑩灾害预警案例；⑪社区预警系统的实践；⑫多变量理论模型的建构；⑬灾害研究方法；⑭受灾者对灾害的反应；⑮非受灾者对灾害的反应；⑯灾害中的盗窃行为；⑰临时应急机构；⑱多元的应急组织网络；⑲灾害反应的理论；⑳灾害反应的分析策略；㉑灾害对个人、家庭和社区的长期影响；㉒灾害中的媒体；㉓应急管理者的职业化；㉔地方应急计划委员会；㉕应急管理信息的使用；㉖减灾问题研究；㉗灾害保险；㉘减灾实践；㉙风险沟通；㉚风险的社会建构；㉛田野考察：红十字会，地方、州和联邦应急机构；㉜灾害研究的未来趋势；㉝多学科的视野。

关于灾害社会学的研究内容，我国学者陆益龙也提出了自己的见解。他认为，灾害社会学的研究内容主要包括：灾害的社会学原理研究，从自然与社会互动的视角，探讨、拓展和深化对灾害社会属性的认识，形成关于灾害及防灾减灾的社会学理念；灾害对社会系统的影响研究，探讨社会运行过程中主要灾害对政治经济可能产生的影响，以及对这些影响进行社会评估的方法；防灾减灾的社会体系研究，从法律、制度、政策和组织等方面，探寻如何在社会发展规划、社会设置、社区建设中不断建立和完善防减灾社会体系；赈灾救灾的社会机制研究，主要从社会救助、社会保障、社会保险、社会政策、社会组织、政府等方面，探究建立稳定、可持续和高效的赈灾救灾社会机制；灾后重建体制的社会学研究，着重从文化、社会网络、系统功能的视角思考灾区社会重建的原则、策略和社会经济途径；灾害社会史的研究，梳理和总结本国和外国灾害社会影响的历史规律，以及历史上人类在灾害预防、减灾、抗灾救灾和灾后重建方面的成功经验和失败教训；灾害次生社会问题的应用研究，主要考察不同灾害所次生出的各种具体社会问题，如心理问题、救助救济问题、生活秩序恢复问题等，分析和探讨不同灾害社会问题的形成机制和社会影响，以及解决这些问题的社会策略。①

目前，我国学者已开始认识到，对于自然灾害频发的中国而言，灾害社会学研究的重要性是毋庸置疑的。不少学者提出自己的见解，希望大力开展这一学科的研究工作。中国的灾害社会学研究仍处于起步阶段，许多问题的研究有待深入开展。不过，这二三十年来，我国的社会科学与自然科学工作者都在努力地为灾害社会学研究领域添砖加瓦。灾害社会学的研究无论是在灾害学领域，还是在社会学领域均不是主流的研究方向，但这一分支学科必将在不远的将来蓬勃发展。笔者也希望通过这本教材，达到抛砖引玉的目的。

四、本书的框架

由于目前国内外有关灾害社会学研究的成果不多，教材也很少，因此编写本书的难度很大。为了丰富本书内容，笔者引用了欧美国家较多的相关研究文献，其中不少文献来自自然科学领域，其研究视角和方法与社会学传统的理论方法有一定的差异，因此，本书的基本内容仍需在未来作不断地修改

---

① 陆益龙．灾害社会学建设与防减灾意识的构建．光明日报，2008－10－21（理论版）．

和补充。本书主要内容如下：

第一章主要简介灾害社会学研究的发展历史，简介美国、德国、中国灾害社会学的研究历史与现状，同时介绍国际灾害社会学研究的基本动向。

第二章主要是对灾害的定义、基本类型以及灾害发生的社会周期进行辨析，介绍社会学家对灾害概念的认识、分类以及灾害周期的划分。

第三章阐述国内外灾害信息传播、风险沟通的重要性，以及谣言在灾害发生过程中传播与扼制的问题。

第四章阐述人们对自然灾害与人为灾害的行为反应特点，介绍在灾害发生的过程中，人类的行为模式与社会秩序的维护，并分析恐慌逃生行为（失范性逃生、非失范性逃生）、趁灾偷窃行为和助人行为等。

第五章主要阐述社会组织在灾害中的角色和作用。本章将参与灾害救助的社会组织分为：政府组织、非政府组织（NGO）以及营利型组织（企业），并分别阐述这三类组织在灾害中的行为动机以及在灾害事件的不同阶段中的功能。

第六章阐述社会分层和弱势群体的概念、内容，以及灾害与弱势群体的关系，介绍国内外关于灾害与社会阶层、社会群体关系的理论和经验研究状况。

第七章阐述灾害心理危机的概念、演变，阐释灾害对不同群体造成的心理冲击；介绍国内外灾害心理救援的发展状况和中国心理救援机制的建设。

第八章阐述灾后重建的基本概念、分类、模式与过程，人力资本和社会资本在灾后重建中所发挥的作用，分析我国一些灾区所面临的灾后重建的难题。

第九章阐述不同历史时期的重大灾害，探讨灾害与社会变迁的关系，并举例说明灾害对人口、经济、社会和科技带来的变化。

第十章阐述灾害社会学的基本研究方法，包括灾害社会学的研究设计、抽样策略、资料收集技术，并对田野调查、问卷调查、文献研究和实验研究等研究方法在灾害研究中的应用进行了探讨和说明。

本章学习要点

灾害社会学研究发展比较快的国家主要包括美国、德国和意大利等，其中美国在这一领域的研究一直居于国际学术界的主导地位。中国的灾害社会学研究起步较晚，只有二三十年的历史。

灾害社会学是运用社会学的理论与方法对突发事件和灾害发生前后的社会结构进行研究的学科。关于灾害社会学的研究内容，目前学界的观点不一。美国一些大学和政府应急管理机构制定了灾害社会学的教学提纲，可作为我们制定灾害社会学研究内容和教学框架的参考。

关键术语

灾害社会学　灾害研究史　学科定位

补充读物

National Research Council. *Facing Hazards and Disasters*: *Understanding Human Dimensions*. Washington, DC: The National Academies Press, 2006.

思考题

1. 什么是灾害社会学？它的研究对象是什么？
2. 简述灾害社会学研究发展历史。
3. 美国大学和政府应急管理机构的灾害社会学教学内容有何特点？

第二章　灾害的定义、类型与周期

本章概述

阐述社会学家对灾害概念的定义以及对灾害类型和灾害周期的划分。

第一节　什么是灾害

什么是灾害？这似乎是一个人人皆可回答的问题。事实上，目前对“灾害”概念的定义可谓众说纷纭、莫衷一是，要作出一个能让大多数人认可的界定并不容易。

一、自然灾害

“灾害”一词并非现代用词，亦非外来语，在中国古籍中早已有之。在电子版《四库全书》中输入这个词进行搜索，可以发现其出现的次数高达2 346次。古人是如何理解“灾害”的呢？《汉上易传》卷三中曰：“文明以止，则祸乱不生，灾害不作”；《左传·成公十六年》中也有“是以神降之福，时无灾害”的记载；宋代梅尧臣的《送张推官洞赴晏相公辟》中有“往者边事繁，秦民被灾害”的诗句；清代唐甄的《潜书·格君》曰：“灾害不生，嘉祥并至。”这些古代文字记载中所提到的“灾害”一般指地震、旱、涝、虫、雹等造成的祸害，与当今社会大众对自然灾害一词的理解并无太大的差别。因此，所谓的自然灾害并不是指地震、洪水、火山爆发、森林火灾等极端的自然现象本身，而是指这种自然现象对人类所造成的危害。因为以上这些自然现象如果不直接或间接对人类社会产生危害，它们就不能被称为灾害。例如，发生于海底的许多地震、火山爆发，就不会对人类社会产生直接的危害，而且其间接危害也不易于确定，它们通常被看作对人类无害的正常自然现象，而不是自然灾害。

维基网（Wikipedia）把地震、洪水、火山爆发等自然现象看作自然危险（natural hazard），而不是自然灾害（natural disaster）。它认为自然灾害是自然危险对人类活动所造成的危害。人类在面对自然危险时所固有的脆弱性将由于缺乏计划或有效的应急管理而加大，从而导致财产损失、环境破坏和人员伤亡。因此，自然灾害的损失程度取决于人们抵抗灾害和灾后恢复的能力。[①] 灾害是在人类的脆弱性遭遇灾险时发生的。[②] 在不存在人类脆弱性的地方，自然危险永远不会导致自然灾害。例如，在无人居住的地区发生强地震，一般不会产生自然灾害。

二、灾害的定义

那么，什么是灾害呢？《美国传统英语辞典》的界定是："灾害（disaster）是导致广泛破坏和痛苦的事件。"[③] 维基网的定义则是：灾害是自然或人为危险对社会或人类环境造成的负面影响、危险得不到有效控制的结果。灾害是危险与社会脆弱性共同作用而产生的，当危险袭击低脆弱性地区或无人居住区时，这种危险一般不会被称为灾害。[④] 当灾害发生时，发展中国家遭受的损失比发达国家大得多。在全世界灾害所导致的死亡当中，95% 以上发生于发展中国家，而且在发展中国家灾害所导致的财产损失是发达国家的 20 倍以上（以占 GDP 的比重来计算）。[⑤] 灾害可以指任何能够导致 1 个以上受害者

---

① G. Bankoff, G. Frerks, D. Hilhorst (eds.). *Mapping Vulnerability: Disasters, Development and People*, London: Earthscan, 2003.

② B. Wisner, P. Blaikie, T. Cannon, et al. *At Risk - Natural Hazards, People's Vulnerability and Disasters.* Wiltshire: Routledge, 2004.

③ *American Heritage Dictionary of the English Language*, 1992. 529.

④ Quarantelli, E. L. Where We Have Been and Where We Might Go. In: Quarantelli, E. L. (ed). *What Is a Disaster?* London: Routledge, 1998. 146 - 159.

⑤ World Bank: Disaster Risk Management. http://web.worldbank.org.

的悲剧性事件，如事故、火灾、恐怖袭击或爆炸等。

《中国灾荒词典》（1989）认为："灾害是由某种不可控制或未予控制的破坏引起的，突然或在短时间内发生的，超越本地区防救力量的大量人群伤亡和物质财富毁损的现象。"它对灾害的定义，明确了灾害不仅包括自然灾害，而且包括对人类社会造成危害的事件。但很显然，该词典主要是从防灾救灾的角度来定义的，不可避免地存在一定的局限性。而《韦伯斯特辞典》则认为，"灾害是一种突发的并带来极大物质损坏、财产损失和精神痛苦的灾难事件"[①]，这个定义强调了灾害对人们精神健康所产生的影响，在对灾害的理解方面更进了一步。

三、社会学家的定义

不过，社会学者对灾害的界定则更抽象一些。最具代表性的定义有两个，一是美国社会学者福利茨（Charles E. Fritz）的定义。他认为灾害是在某个时间和地点发生严重的突发性事件或不可控事件，这些事件使社会或社会内部自给自足的部分处于极度危险的状态，并造成人员伤亡和物质设施遭受巨大损失而导致社会结构崩溃，无法履行所有功能或部分功能。[②] 二是美国学者克莱普斯（Gary A. Kreps）的定义。他认为，灾害是社会或其较大的次级体系（如地区、社区等）遭受社会性破坏和物质损失的突发性事件。[③] 这两个定义均强调灾害对人类社会结构和社会功能的影响，他们所确定的灾害类型不仅包括自然灾害和科技性灾害，也包括较大的社会冲突事件，如恐怖主义袭击、战争等。

有趣的是，西方学者在建立灾害研究中心并形成制度化灾害研究体系的数十年之后，却得出了一个备受争议的"一致观点"。他们认为，其实所有的灾害都可以看作"人为的"（human - made），因为正是人类缺乏有效的灾害防范措施才使危险变成了灾害。例如，地震只是一种自然危险，这种危险本身极少能够直接导致人、畜的伤亡，而往往是在人类建造的房屋或设施无法

① Webster's Third New International Dictionary.

② Charles E. Fritz. Disaster. In：Robert K. Merton and Robert A. Nisbet. *Contemporary Social Problems.* New York：Harcourt，1961. 655.

③ Gary A. Kreps. Disaster as Systemic Event and Social Catalyst：A Clarification of Subject Matter. *International Journal of Mass Emergencies and Disasters*，1995，Vol. 13，No. 3：255 - 284.

承受地震而倒塌时才会产生灾难性后果。①

四、政策性界定

尽管人们对灾害的界定日趋一致，但在现实中对灾害却有着迥然不同的理解和政策性操作。例如，德国红十字会认为，灾害是指“人们的日常生活被迫突然中断的非正常状态，因此迫切需要给受灾者提供保护、营养、衣服、住房、医疗和社会救助及其他必需品”。德国法律中也有专门将一些现象如风暴、洪水、暴风雪、爆炸等带来灾难的现象列为法律保护的项目。德国的保险公司则把灾害看作造成财产损失超过一百万马克和人员伤亡超过 1 000 人的事件。②

但究竟造成多大的财产损失或人员伤亡才算是灾害？在不同国家、不同地区或不同的情境下却有着不同的界定。例如，美国对灾害的界定标准就比德国的要低一些。

小资料

美国 20 世纪所发生的一些自然灾害及伤亡人数

飓风：安德鲁（1992 年，15 人死亡，财产损失 300 亿美元）；因尼克（1992 年，6 人死亡，20 亿美元损失）；雨果（1989 年，49 人死亡，财产损失 90 亿美元）；卡米尔（1969 年，256 人死亡）；黑兹尔（1954 年，347 人死亡）；得克萨斯州盖维斯顿城发生的飓风灾害（1900 年，6 000 人死亡）。

龙卷风：得克萨斯州莎拉药萨（1987 年，死亡 29 人）；阿拉巴马、佐治亚、田纳西、肯塔基和俄亥俄州（1974 年，死亡 350 人）；印第安纳、伊利诺伊、俄亥俄、密西根、威斯康星州（1965 年，死亡 271 人）。

---

① B. Wisner, P. Blaikie, T. Cannon, et al. *At Risk - Natural Hazards, People's Vulnerability and Disasters*. Wiltshire: Routledge, 2004.

② Enrico L. Quarantelli (ed.). *What Is a Disaster?* London: Routledge, 1988. 20.

地震：加州北岭市（1994 年，死亡 57 人，财产损失 200 亿美元）；加州洛马普列塔（1989 年，死亡 63 人，财产损失 80 亿美元）；阿拉斯加（1964 年，死亡 131 人）。

洪水：密西西比河流域（1993 年，死亡 50 人，财产损失 150 亿～200 亿美元）；大汤普森峡谷（1976 年，死亡 139 人）；南达科达州湍急市（1972 年，死亡 236 人）；宾夕法尼亚州约翰斯敦（1889 年，死亡 2 200 人）。

资料来源：美国国土安全局应急管理研究所网站，http://training. fema. gov/emiweb/edu/sodis. asp.

五、"酷热"算不算灾害

有意思的是，近年来在对灾难的社会建构中出现了许多对灾害解释的新颖观点。之所以如此，是因为有关组织无法对自然现象所带来的后果进行认知并作出反应。正如克林纳伯格（2002）在《热浪》一书中所阐述的那样，尽管有些极端的自然现象并不被政府和新闻媒体甚至灾害研究者们界定为灾害，但它们却能导致大量的死亡。在 1995 年芝加哥的那场热浪中，有将近 800 人死亡，而政府却首先否认天气热是值得政府关注的事情，还指责受害者没有接受政府的救援。① 热浪后来再次表明其危害性，2003 年热浪在欧洲造成重大死亡，并于 2006 年再次袭击美国，仅 6 月份就导致了加州约 140 人死亡，这一死亡数字比 35 年前加州地震的死亡人数还要大。

为什么热浪没有与洪水、龙卷风和飓风一道被称作主要自然灾害？特尔内（Tierney）在《从边缘到主流：处在十字路口的灾害研究》一文中有精辟的评述。他认为，原因之一就是热浪仅仅杀死人却没有导致财产的损失，而财产损失是以往灾害确定的不可或缺的标准。对于关注极端自然灾害的社会维度的研究者而言，这样的回答显然令人不满。不过，有人可能会辩解说，对于从事灾害管理的组织而言，财产损失是构成灾害的必要因素。总统对灾难的确认，是对受害者提供援助的主要依据。这样的确认尽管出于某种政治

① 周雪光．芝加哥"热浪"的社会学启迪——《热浪：芝加哥灾难的社会解剖》读后感．社会学研究，2006（4）

上的考虑，但主要还是以财产损失以及对受灾人需求（如临时住所和房屋）的评估为依据。

特尔内认为，从风险管理的方面来说，私营保险企业更多地担心它们会遭受大规模的灾害性财产损失赔偿而不是其他类型的赔偿；对它们而言，最为灾难性的事件就是财产性损失。承保人的偿付能力几乎不可能受几百或几千人的热浪死亡事件的影响，相反，像安德鲁、卡特里那、丽塔和威尔玛飓风则是一个巨大的财产威胁。

而且，事实上很少有人支持投入资金与精力去防范和减少热浪带来的损失。因此，在美国没有像斯托林（Stalling）所描绘的“地震机制”那样的“热浪机制”，也没有针对热浪危害而组建的组织机构，而针对地震的组织却有，最近连针对风灾的组织也有了。地震、洪水和风灾管理已经成为有关极端事件的一个独特研究领域，但却没有关注热浪的学术研究，也没有专业机构专门对付这种自然威胁。总而言之，热浪还不足以成为能够引起决策层关注的问题。①

第二节　灾害的类型及其对人类社会的影响

社会学家一般将灾害分为如下两种类型：一是自然灾害，二是人为灾害。其中人为灾害又分为技术性灾害和社会冲突两种类型。② 灾害社会学家对这些不同类型的灾害的关注更多地集中在灾害所导致的社会危害，如社会正常生活秩序的中断，而不仅仅只是人员的伤亡和财产的损失。

一、自然灾害对人类社会造成的危害

1. 地表运动导致的灾害

主要有雪崩、地震、火山泥浆流、滑坡、火山爆发所导致的灾害。这种

---

① Kathleen J. Tierney. From the Margins to the Mainstream：Disaster Research at the Crossroads. *Annual Review of Sociology*，2007，Vol. 33.

② 关于自然灾害与人为灾害，维基网（英文网和中文网）有十分详尽的分类，本节的编写参照和引用了该网的相关资料。详见维基英文网站 http：//en. wikipedia. org/；维基中文网站 http：//zh. wikipedia. org。

类型的灾害往往严重影响人类的活动。例如，火山喷发具有毁灭性的破坏力，不仅造成财产的损失，更会危及人类与大自然动植物的生命；如 1979 年意大利维苏威火山爆发，大量的火山灰覆盖了邻近的庞贝城，导致庞贝城不到一分钟就在历史上绝迹了。直到 17 世纪，庞贝城才被世人发现，而且城中居民的尸体大部分也保存得很完整。又如 1991 年日本云仙火山的爆发，造成数千名居民无家可归，并夺走了 35 条人命；而皮纳吐坡火山的爆发，使得美国不得不放弃在西太平洋最大的海、空军基地等；1902 年，马丁尼克的培雷山火山爆发，使得这个法国的殖民地一度无法恢复之前的繁荣。

2. 水文灾害

水文灾害主要有洪水泛滥、湖沼二氧化碳喷发、海啸等。

历史上，洪灾对中国的影响是巨大的。洪灾是指因自然降水过量或排水不及时造成的人员伤亡、财物损坏、建筑倒塌等现象。洪灾发生时不单会淹浸沿海地区，更会破坏农作物的生长，淹死牲畜，冲毁房屋。此外，泛滥使商业活动停顿，学校停课，古迹文物受破坏，水电、煤气供应中断。洪水更会污染食用水，传播疾病。一方面，洪水会给人类带来灾难，称为洪灾，如黄河、恒河下游地区泛滥成灾，造成巨大的损失。另一方面，也有一些洪水现象会给人类带来益处，如尼罗河定期的泛滥，给下游三角洲平原带来大量肥沃的泥沙，有利于农业生产。洪水灾害的形成既有自然因素，也有人为因素。自然因素包括：瞬间雨量或累积雨量，超过河道的排放能力；可用的滞洪区的容积减少；河道淤积，疏于疏浚；天体的引力引发的大潮、小潮，或地震引发的海啸引起海水倒灌，淹没低洼地区，或顺着河道逆流；温室效应所引起的全球暖化现象，特点是大雨发生频率增加或热带性低气压或台风带来的瞬间雨量变多。人为因素包括：滥垦滥伐；与河争地，不断加高的堤防使得人造的建筑物更接近河道，使河道的截面积变得更小。地层下陷，或豆腐渣工程的堤防养殖渔业或其他因素，导致过量抽取地下水，引发地层下陷。或是滥用生态工法或偷工减料，导致堤防的强度不如预期；高度都市化，地表大量被沥青（柏油路）或水泥所覆盖。高度都市化的结果，导致雨水无法经由渗透方式流入地底，因此增加排水沟与河川排放雨水的负担。①

海啸是一种具有强大破坏力的海浪。当地震发生于海底，因震波的动力而引起海水剧烈的起伏，形成强大的波浪，向前推进，将沿海地带一一淹没

① 引自维基百科．洪灾．http：//zh. wikipedia. org/.

的灾害，称为海啸。目前，人类对地震、火山、海啸等突如其来的灾变，只能通过观察、预测来预防或减少其所造成的损失，但还不能阻止它们的发生。①

3. 气象灾害

气象灾害一般指气候反常对人类生活和生产所造成的灾害。气象灾害包括大气物理过程产生的灾害，如雨灾（暴雨、热带暴风雨）、风灾（台风、飓风、龙卷风）、水灾（洪水）、雪灾（暴风雪、雪崩），也包括气候异常所产生的灾害，如全球大气变暖、旱灾等。对多数农作物来说，气温在40℃以上，可能造成热害，0℃以下可能造成冻害。同一气候现象，对某生产部门可能是利，对另一生产部门则可能是害。如积雪对越冬小麦有利，但同时使牛、羊吃草困难，可能引起畜牧业的“白灾”。气候异常是否成灾和成灾程度的高低，取决于工程设施、科技水平等人为因素。如在农业生产中，良好的排灌设施可免受或减轻旱涝灾害。合理利用气候资源，可避免或减少气候异常的危害。②

4. 生态灾害

生态灾害是指由于生态系统平衡遭到破坏所带来的各种始未料及的不良后果，如恶性传染病（SARS、埃博拉病毒）、沙尘暴、火灾（森林大火）等。③

二、人为灾难

人为灾难是由人类行为（如人类的过失、错误以及社会保护体系的失灵等）引起的。在英文世界，“灾害”与“灾难”均可用同一个词汇“disaster”来表示，但在中文里，这两个词却有着微妙的差别。在中文语境中，“灾难”一般是指因自然或人为因素导致的造成大量人员伤亡、财产损失的灾祸。实际上，有许多灾害很难分得清其究竟应归属于自然灾害还是人为灾害，如森林火灾有时是因为人们的大意引起的，有时则分不清究竟是因人们疏忽大意还是因雷电引起的，但一般人们仍然习惯将它归为自然灾害，而不是人为灾

① 引自维基百科．海啸．http：//zh. wikipedia. org/.

② 引自百度百科．气候灾害．http：//baike. baidu. com/.

③ 参见维基百科．天灾．http：//zh. wikipedia. org/wiki.

害；就如对“雪崩”一样，人们也习惯将它归属于自然灾害，即便雪崩有时是因为人们在雪山附近打猎开枪引起的共振导致的，人们也不会将它归属为人为灾害。因此对于本章所涉及的“灾害分类”问题，仍有许多值得商榷的地方。但为了便于学习，我们不必过于苛求严格的类型划分。本章的灾害分类中有许多重复交叉之处，暂且留待今后进一步修正。

对于“人为灾害”，笔者认为它主要包括以下三种类型：

1. 作为日常生活灾难的人为火灾

火灾通常是人类对火进行利用和控制不当或故意纵火而导致的。根据损失（人员伤亡、受灾户数和财物直接损失金额），火灾可分为一般火灾、重大火灾和特大火灾。中国大陆对火灾的等级划分如下：特别重大火灾，造成30人以上死亡，或者100人以上重伤，或者直接经济损失1亿元以上的火灾；重大火灾，造成10人以上30人以下死亡，或者50人以上100人以下重伤，或者5 000万元以上1亿元以下直接财产损失的火灾；较大火灾，造成3人以上10人以下死亡，或者10人以上50人以下重伤，或者1 000万元以上5 000万元以下直接财产损失的火灾；不具备上述三种情况的为一般火灾。[①] 比较重大的火灾有温哥华大火、文夕大火、克拉玛依大火、圣地亚哥大火、2009年曼谷夜总会大火。

2. 科技性灾难

如核武器工厂事故（三里岛、切尔诺贝利）、工厂爆炸（印度的Bhopal）、大坝溃堤、矿难、大停电、燃气管道泄漏、危险物质事故导致的灾难，如放射性污染等。著名的放射性污染事件有切尔诺贝利核泄漏事故、三里岛核泄漏事故。

3. 由冲突导致的灾难事件

冲突导致的灾难事件包括如战争、恐怖分子的破坏（世贸大楼、俄克拉荷马州爆炸），公众骚乱，政治暴动导致的灾难等。[②]虽然社会学家认为由社会冲突导致的灾难事件是灾害社会学研究的内容，但这方面的研究内容与政治学、政治社会学交叉较多，因此实际上并不是灾害社会学研究的主流方向。

---

① 参见互动百科．火灾．http：//www. hudong. com/.

② Sources：U. S. National Committee for the Decade for Natural Disaster Reduction. *Facing the Challenge*. Washington，DC：The National Academies Press，1994；Hoffman，Mark S. *The World Almanac and Book of Facts 1993*. New York：World Almanac，1993.

因此，在此不再作详细的介绍。

菲舍尔按照灾害的影响程度、范围和持续时间将灾害划分为十种类型。其中，一级灾害属于日常应急事件。这类灾害所涉及的当事人（包括法人）一般是城乡居民、警察、企业和保险公司等。如城市发生的小火灾就属于这一类灾害，其特点是范围较小、灾害强度较小或者是灾害强度大，但持续时间短或范围小。总之，对社区的破坏程度相对较小，能在短时间内灭火，保险公司也能在短时间内处理善后事宜，社区的正常生活秩序很快就会恢复。二级灾害属于严重应急事件。这类灾害从范围、规模和持续时间上都比日常应急事件严重，对居民生活将产生较大程度的影响。如灾害导致某个居民生活小区或某一工厂受到影响。三级灾害可致使某个城镇或乡村局部受到影响。四级灾害可致使某个城镇或乡村全面受到影响。五级灾害可导致某个中小城市局部受到影响。六级灾害可导致中小城市全面受到影响。七级灾害可导致大城市局部受到影响。八级灾害可导致大城市全面受到影响。九级灾害可导致较大区域范围受到影响。十级灾害可导致全国受到影响。[①]

第三节 灾害的周期

任何灾害都有其生命周期，即灾害发生、发展和结束的过程。例如，自然危险或极端的自然现象如地震、火山爆发等通常都会经历从酝酿、爆发、蔓延、减弱到最终消亡的生命周期。但正如前面提及的，自然危险并不等于自然灾害。因此自然危险的周期与自然灾害的周期也不相同，前者是极端自然现象或自然危险自身发生、发展的过程，而后者则是人类应对极端自然现象或自然危险的过程。所以，有些西方学者对灾害周期有着不同的理解，他们认为“灾害生命周期”（lifecycle of disaster）指的是人们应对应急事件或灾害的过程，是一个预防灾害、对受灾害影响的人和机构提供援助以减少灾害影响的过程。他们提出了与众不同的灾害生命周期划分方法。例如，菲舍尔将“灾害生命周期”划分为前影响阶段、影响阶段、后影响阶段、恢复阶段

---

① Henry W. Fischer, III. *The Sociology of Disaster: Definitions, Research Questions, & Measurements In a Post-September 11, 2001 Environment.* Paper submitted for presentation at the annual meetings of the American Sociological Association, Atlanta, 2003.

和重建阶段五个阶段；福克纳（Faulkner）则将其划分为灾前阶段、灾情即将爆发阶段、应急阶段、灾害中期、恢复阶段和完全恢复正常阶段六个阶段。在表2－1中我们列出了西方学者所划分的“灾害的生命周期”：

表2－1　西方学者眼中的“灾害的生命周期”

美国国家精神健康研究所（1983）的分类	Fink（1986）的分类	Roberts（1994）的分类	Fischer（1998）的分类	Faulkner（2001）的分类
1. 灾前阶段：社区、家庭、个人生活状态正常	1. 灾情即将爆发阶段：灾情一触即发，势不可挡	1. 预防灾害阶段：这是应该采取防灾措施的时期（如制订预防和减轻潜在灾害威胁的发展计划）	1. 灾害冲击之前：给潜在的受灾地区和受灾者提出预警的时期	1. 灾前阶段：这是需要加强灾害预防的阶段
2. 预警阶段：媒体开始报道即将到来的灾害		2. 应急时期：当灾害已经降临时，需要尽可能迅速地抢救受害者与挽救财产		2. 灾情即将爆发阶段：在这一阶段灾害已迫在眉睫，清晰可见，不可避免
3. 灾害威胁阶段：灾害已近在眼前，不可避免	2. 灾情剧烈时期：灾害已然发生，这个时期的最大目标是如何减少灾害所造成的损失	3. 灾害中期：这是应在短时间内满足受害者需要的阶段。这个阶段的目标主要是使受灾社区应尽可能恢复正常秩序	2. 灾害冲击时期：这个阶段时间往往比较短暂，瞬间发生，猝不及防	3. 危急时刻：灾害事件迅速展开并形成最大的打击

（续上表）

美国国家精神健康研究所（1983）的分类	Fink（1986）的分类	Roberts（1994）的分类	Fischer（1998）的分类	Faulkner（2001）的分类
4. 灾后阶段：幸存者清点灾害所造成的损失	3. 灾害的漫长影响时期：收拾残局，处理后事，自我分析，争取尽早恢复	4. 长期恢复阶段：延续上一个阶段以处理未能在短时间内处理的灾后问题（例如，修缮被破坏的建筑物、纠正环境保护方面的错误、安抚受灾或受害者、制定重建战略、修改和完善应对灾害的策略等）	3. 灾害中期：这是需要抢救受灾者和财产的时期；伤亡人员搜寻、灾害垃圾清理以及其他必要生活设施（如水、电等）的恢复等；应急管理组织发挥协调作用；新闻媒体的相关报道开始铺天盖地	4. 灾害中期：这是受灾社区需要尽可能在短时间内迅速恢复基本社会功能动作的阶段
5. 救援阶段：幸存者和应急组织救援受害者及财产			4. 恢复阶段：灾害垃圾已经清理完毕；基本生活设施已然恢复；灾害保险也已开始受理，灾后重建计划正在制订；社区生活的有序性重现	5. 长期恢复阶段：这是受灾社区开展重建、反思与深入分析灾情并总结经验教训的阶段
6. 医疗与赔偿阶段：美国红十字会、保险公司、联邦政府以及地方救助力量开始介入			5. 重建时期：基础设施开始重建，社区各项功能开始全面恢复。这一阶段往往历时较长	6. 完全恢复正常阶段：正常的社会功能重新得以恢复运作，社区的经济可能出现新的增长点，社会发展出现可喜的新变化

（续上表）

美国国家精神健康研究所（1983）的分类	Fink（1986）的分类	Roberts （1994）的分类	Fischer （1998）的分类	Faulkner（2001）的分类
7. 恢复阶段：基础设施重建，家庭与个人生活恢复正常	4. 灾害完全化解阶段：受灾社区正常的社会经济秩序得以恢复，并获得新生			

注：本表根据 Ritchie，Liesel A. *Voices of Cordova*：*Social Capital in the Wake of the Exxon Valdez Oil Spill*，Starkville：Ph. D. Dissertation（Mississippi State. University），2004. 672；和 Henry W. Fischer，III. *Response to Disaster*：*Fact Versus Fiction & Its Perpetuation*：*The Sociology of Disaster*（2nd ed）. Lanham：University Press of America,® Inc.，1998. 7－8. 的有关数据整理制作。

显然，西方学者眼中所谓的“灾害生命周期”实际上可以理解为人类应对灾害的周期。我们将各种分类方法进行综合归纳后对灾害周期作出了如下分类：

一、灾前阶段

灾前阶段是人们制订计划并采取一些必要灾害防范措施的阶段。菲舍尔认为，在这一阶段，需要通过科学的研究，对那些容易遭受灾害的地区予以重点关注，并尽可能为该地区居民提供充分的防范灾害的时间和条件。有些自然灾害威胁是可以预测的。例如飓风，人们往往有比较充足的时间做好准备，因为风暴的发展一般是比较缓慢的。设于佛罗里达的美国国家飓风研究中心时刻都在监测和追踪风暴的轨迹，并随时准备给可能受害地区发出警报。这样，所在地区的居民就能够有充分的时间保护他们的财产并向安全的地方转移。[①] 不过，并非所有灾害发生的地区都能够在灾前阶段做好充分准备。他们不是无法预测灾害的来临，而是过于轻视即将到来的灾害或缺乏充分的准

① Henry W. Fischer，III. *Response to Disaster*：*Fact Versus Fiction & Its Perpetuation*：*The Sociology of Disaster*（2nd ed）. Lanham：University Press of America,® Inc.，1998. 7.

备，最终导致无可挽回的损失。

极少有证据表明当灾害即将到来的预警信号发出之后人们将会陷于恐慌。任何预警信息必须是清晰明了的、具体的、及时的、针对个人的，这样才能使预警达到最佳效果。导致人们不相信和不愿意疏散的原因主要有以下几个方面：①缺乏应对灾害的经验；②高估应对即将到来的灾害的能力；③不愿意放弃自己的财物；④对即将到来的灾害缺乏准备；⑤过分依赖于权威机构和组织。[①]

人们对危险的认知常常是滞后的，倾向于将灾害的信号与自己所熟悉的日常事件联系起来。

研究发现，恐慌逃生一般会在如下的情景中出现：①认为灾害马上就发生，而且很剧烈；②认为只有唯一的逃生出口；③认为逃生出口已经被关闭，必须马上夺路而逃；④所有人都认为自己孤立无援。[②]

二、灾害影响阶段

一些灾害的影响阶段往往是短暂的，同时也是最危险的。例如，飓风、龙卷风都是来去匆匆，飞机坠毁也在瞬间发生和结束。而洪水、核事故等灾害则要经历比较漫长的时期。不过，绝大多数灾害从灾前的预警到灾情爆发，其时间非常短暂，猝不及防。这个阶段也是抢救受害人员和挽救财产的应急阶段，需要及时搜寻和抢救幸存者，并提供必要的食物、医疗和住宿等条件，同时采取措施减少财产的损失。地方的应急管理组织将首先启动，并协调各方共同应对灾害。如果地方无法应对灾害，国家相关部门将介入救援。这时新闻媒体对灾害情况开始大量报道。[③]

在灾害刚刚发生的时候，人们将千方百计求生，例如，紧紧地抓住某些

---

① Charles E. Fritz and Harry B. Williams. The Human Being in Disasters：A Research Perspective. Annals of the American Academy of Political and Social Science，Vol. 309. *Disasters and Disaster Relief*，1957. 42 – 51.

② Erik Auf der Heide. Common Misconceptions about Disasters Panic，the "Disaster Syndrome" and Looting. In：M. O'Leary. *The First* 72 *Hours*：*A Community Approach to Disaster Preparedness.* Lincoln：iUniverse Inc.，2004.

③ Henry W. Fisher，III. *Response to Disaster*：*Fact Versus Fiction Its Perspectuation*：*The Sociology of Disaster*（2nded）. Lanham：University Press of America，® Inc.，1998.

物体或他人，躲避飞行的物体，把小孩藏起来，等等。具体的求生方式根据不同的环境和他们对情景的判断而定。在灾害发生的一瞬间，人们会出现短时的麻木和混乱，但很快会恢复，并试图自救以及营救家人和身边的人。所以，不能希望在灾害发生时人们不出现短暂的慌乱，这种被一些心理学家称为“灾害综合征”的状态并不会持久，也是人们在面临灾害突袭时的正常反应。①

灾害刚刚结束时，人们会对自身状况有一个基本的判断。这是人们弄清灾情的一个阶段，也是令人感动的一个阶段。对家人的关心、对邻居的关心以及对所有受灾人群的关心会充满整个灾区。不过，这个时候人们的情绪反应可能会出现两个极端：一些人会感到兴奋，认为这是有生以来“最令人感动的时刻”；而另一些人则感到悲观绝望或痛苦不堪。无论是何种情绪，对幸存者的营救也会立即展开。虽然人们会经历短暂的麻木、悲观、绝望的心理状态，但很快便恢复过来，并投入营救行动中。利他主义的助人精神会在灾区普遍出现。②

三、恢复与重建阶段

在恢复与重建阶段，灾害所导致的破坏将得到完全的清理，必要的生活必需品供应体系将恢复所有原有的功能，灾害保险工作将全部完成，基础设施重建计划正在制订并开始实施，正常生活状态将重现社区，社会规范和秩序恢复正常。这一阶段将依据灾害影响的程度和社会应对能力的大小决定其历时的长短。许多受灾害影响的地区往往历时数年时间才恢复正常状态。例如，1986 年春，美国肯塔基州的柯芬顿发生了龙卷风，灾害研究中心的一个研究小组在 48 小时内便赶到了灾害现场。但一年后当这个研究小组的领头人重返该地时却发现，一些受损企业仍然没有修缮完毕，一个教堂的尖顶仍在重建。《灾害社会学》一书的作者菲舍尔于 1990 年夏天访问美国南卡罗莱那州的查尔斯顿时也发现，优果飓风（Hugo）已经过去了 10 个多月，而飓风造

---

① Mental Health Centre of North Iowa INC. Backgronnd Phases of Disaster. http：//www. mhconi. org/Topic_ SisasterB kgrd. htm.

② Mental Health Centre of North Iowa INC. Backgronnd Phases of Disaster. http：//www. mhconi. org/Topic_ SisasterB kgrd. htm.

成的垃圾依然在燃烧处理中，许多建筑物仍然处在临时修缮阶段，而安抚受灾者的精神健康机构依然没有疏散。① 这说明灾害的恢复与重建阶段是一个十分漫长的过程。

在这个阶段，人们会出现悲痛、愤怒等情绪。家庭成员的心理压力增大，而且主要表现在儿童的行为上。此时，人们开始抱怨并寻找发生灾害的原因。这个阶段，大量幸存者中开始出现失眠、消化不良、神经质等心理和体质反应，并呈现逐渐减弱的趋势。不过，这些由于灾害导致的情绪压力症状可能会与其他心理反应（如人们对毒气和辐射的反应）难以区分，因此有可能许多人会到医院看病并增加医疗设施的负担。在儿童中，灾害会导致吸吮指头、大小便失禁等症状的重现。而成年人的这种负面情绪反应会来得晚些，这是因为灾害发生后成年人一般都忙于营救他人或从事抗灾方面的工作，等到这些工作结束之后，他们才会产生悲痛的心情。②

这一阶段从灾害发生后不久即开始，历时根据不同情况而异。如果某个社区遭遇较严重的灾害的话，历时短则几个月，长则数年。社区和个人都试图恢复原有的生活状态或建立新的生活模式，这也会因适应能力而异。不具备适应能力的个人将会面临心理压力，出现情绪低落的情况，例如，在需要一切从头再来时，一些老年人和中年人会灰心放弃。这时信心的恢复是最为关键的，如果不能恢复，社区和个人都将不能获得良好的发展。③

不过，以上归纳只是对所有灾害发展周期进行的粗略划分，忽略了不同类型灾害之间存在的差异。实际上，人们应对自然灾害与人为灾害的过程并不一样。两位美国学者基尔（Gill）和里奇（Ritchie）对自然灾害与技术性灾害进行比较分析后认为，人们应对这两种灾害的过程有着显著的差异。

基尔和里奇认为，人们应对自然灾害有比较明晰的线性发展阶段，而技术性灾害则不同。因为技术性灾害的第一阶段并非一定是"预警阶段"或"灾害威胁阶段"，很可能首先是"灾害冲击阶段"，灾害突然发生造成人员伤害和财产损失，然后人们才反应过来，并向其他人提出"预警"，而与此同

---

① Henry W. Fischer, III. *Response to Disaster: Fact Versus Fiction & Its Perpetuation: The Sociology of Disaster* (2nd ed) . Lanham: University Press of America,® Inc. , 1998. 8.

② Mental Health Centre of North Iowa INC. *Backgronnd Phases of Disaster*. http: //www. mhconi. org/Topic_ DisasterBkgrd. htm.

③ Mental Health Centre of North Iowa INC. *Backgronnd Phases of Disaster*. http: //www. mhconi. org/Topic_ DisasterBkgrd. htm.

时，技术性灾害可能继续产生威胁。而“救援”、“灾害损失清点”、“伤员治疗与财产赔偿”、“恢复”和“复兴”等阶段也不一定与自然灾害一样有着清晰的先后顺序。之所以如此，是因为技术性灾害的发生比自然灾害的发生具有更大的不确定性。[①]

近年来，一些西方学者将人们在灾后所经历的情感体验划分为几个“阶段”，我们不妨将其称作“灾后情感历程”[②]。这种情感历程实际上发生于上面所提到的灾后某个或某几个阶段：

第一，英雄主义的阶段。这个阶段在灾害发生之初便开始了。一种英雄主义的营救行动在灾区普遍召唤，人们被动员和鼓励展开自救或对他人进行抢救。利他主义行为随处可见，人们表现出巨大的能量和热情投入对他人的生命和财物的抢救行动当中。助人行为主要来自家庭群体、邻居和各种各样的应急营救队伍。

第二，蜜月阶段。这个阶段一般是从灾害发生一周后开始，持续 3～6 个月。对于幸存者，尤其是那些失去至爱和宝贵财物的人而言，灾害过后他们会有一种强烈的愿望，希望与他人共同分享灾难的经历并携手共渡难关。在这一阶段，政府官员和工作人员纷至沓来，予以精神鼓励并承诺提供一切帮助。受灾地区的人们清理灾害留下的垃圾，满怀希望地等待马上就能够获得的巨大帮助。而各种社区团体以及在灾害应急时组成的社区团体是这一阶段重要的社区组织资源。

第三，幻灭阶段。这一阶段一般持续 2 个月至一两年。当工作和生活难以恢复或他们所盼望的政府承诺救助不能完全实现时，失望、愤怒、怨恨和痛苦等强烈情绪就会弥漫在这些受灾人员当中。救援机构和组织开始纷纷疏散，本地社区组织或群体的工作也开始停顿下来或不再发挥功能。同样，这一阶段人们会感到灾害后的那种“精诚团结、共渡难关”的社区精神氛围开始慢慢地消失，人们开始把精力转移到重建家园上来，各顾各地忙于自己的私事了。

第四，重建阶段。人们开始认识到其实许多事情包括重建家园、事业发展以及生活各方面还得自己动手，他们渐渐感受到自我承担责任的重要性。

---

① Duane A. Gill and Liesel A. Ritchie，SSRC，MSU. *Rebuilding Hurricane Impacted Rural Communities*：*A Land-Grant System Summit*. Nashville，TN，12 – 13.

② http：//www. mhconi. org/Topic_ DisasterBkgrd. htm.

这个阶段一般持续数年时间，新建设的建筑、新生活的开始等都在重新点燃受灾者的激情，也使他们更坚定地树立起生活的信心。不过，如果这个重建的过程被耽搁了，他们的情感问题就会变得强烈而严重。在这个阶段，社区群体和长期投资是至关重要的。

本章学习要点

地震、洪水等极端自然现象并不一定会导致灾害。关于什么是灾害，学术界和政府的定义可能存在差异，社会学对灾害的定义比较抽象，而政府和企业的定义则较为具体。社会学家一般将灾害分为如下两种类型：一是自然灾害，二是人为灾害。其中人为灾害又分为技术性灾害和社会冲突两种类型。灾害社会学家对这些不同类型的灾害的关注点更多地集中在灾害所导致的社会危害，如社会正常生活秩序的中断，而不仅仅是人员的伤亡和财产的损失。

灾害生命周期（lifecycle of disaster）指的是人们应对应急事件或灾害的过程，是一个预防灾害、对受灾害影响的人和机构提供援助以减少灾害影响的过程。自然灾害与技术性灾害的过程有着显著的差异。人们在灾后所经历的“灾后情感历程”与“灾害生命周期”有联系，但并非同步。

关键术语

灾害　灾害类型　灾害周期

补充读物

National Research Council. *Facing Hazards and Disasters*：*Understanding Human Dimensions*. Washington，DC：The National Academies. Press，2006.

思考题

1. 什么是灾害？它的学术定义与政策性定义有哪些区别？
2. 灾害主要有哪些类型？
3. 灾害发展的各个阶段有哪些特点？

第三章　灾害中的信息传播

本章概述

阐述国内外灾害信息传播、风险沟通的重要性，以及谣言在灾害发生过程中传播与扼制的问题。

第一节　风险沟通

如何在防灾减灾的过程中，加强风险沟通、强化人们的理性应急意识是至关重要的。

一、风险沟通的概念界定与理论

（一）风险沟通的概念界定

风险沟通（risk communication）的概念界定较多。其中，美国国家科学院（The National Academy of Sciences）下属的国家研究委员会（The National Research Council）的界定较为权威，它把风险沟通定义为“将关于风险以及避免风险的多种来源（如科学机构、地方政府等）的信息通过多种渠道传达给受众（如普通公众、处于风险的特殊人群等），并共同商讨风险危害及应对策略的过程”。[①] 更确切地说，风险沟通是个体、群体以及机构之间交换信息和看法的互动过程。这一过程涉及风险性质及其他相关的多元信息，包括传递与风险有关的信息，各方对风险事件的关注、意见和反应，也包括国家或机构制定风险管理方面的法规和措施等。[②]

（二）风险沟通的理论

风险沟通包含风险信息传递、风险认知、风险应对等内容。在灾害中，个人和组织的风险沟通都有规律，对此前人也归纳出相关的理论解释。在这里我们借用谢晓非等人的相关研究[③]对这些理论作如下说明：

（1）风险认知的影响因素。风险认知是人们对影响日常生活和工作的外界风险的心理感受和认识。如何看待风险以及是否能够准确判断风险的危害对人们的风险沟通起着关键性的作用。西方学者考维洛（Covello）、彼得斯（Peters）、约瑟夫（Joseph）等对前人的研究进行了总结，认为至少有15种风险认知因素对人们的风险沟通造成影响。

表3-1　十五种影响风险认知的因素

自愿性	当个体将风险事件知觉为被迫接受，要比他们将风险事件知觉为自愿接受时，认为风险更大
可控性	当个体将风险事件知觉为受外界控制，要比他们将风险事件知觉为受自己控制时，认为风险更难以接受
熟悉性	当个体不熟悉风险事件，要比他们熟悉风险事件时，其风险更难以接受

① National Research Council. *Facing Hazards and Disasters: Understanding Human Dimensions*. Washington，DC：The National Academies Press，2006．112.

② Covello V. T. Risk Perception，Risk Communication，and EMF Exposure：Tools and Techniques for Communicating Risk Information. In：Matthes R.，Bernhardt J. H.，Repacholi M. H.（eds）. *Risk Perception，Risk Communication，and Its Application to EMF Exposure：Proceedings of the World Health Organization/ICNRP International Conference*（ICNIRP 5/98）. Vienna，Austria：International Commission on Non-Ionizing Radiation Protection，1998. 179－214.

③ 谢晓非，郑蕊．风险沟通与公众理性．心理科学进展，2003（4）．

（续上表）

公正性	当个体将风险事件知觉为不公平，要比他们将风险事件知觉为公正时，其风险更难以接受
利益	当个体将风险事件知觉为存在着不清晰的利益，要比他们将风险事件知觉为具有明显益处时，其风险更难以接受
易理解性	当个体难以理解风险事件，要比他们容易理解风险事件时，更难以接受
不确定性	当个体认为风险事件难以确定，要比已经可以科学地解释该风险事件时，其风险更难以接受
恐惧	那些可以引发害怕、恐惧或焦虑等情绪的风险，要比那些不能引发上述情绪体验的风险更难以接受
对机构的信任	那些与缺乏信任度的机构或组织有关的风险，要比那些与可信的机构或组织有关的风险更难以接受
可逆性	当个体认为风险事件有着不可逆转的灾难性后果，要比认为风险事件的灾难性后果是可以缓解的，其风险更难以接受
个人利害关系	当个体认为风险事件与自己有着直接关系，要比认为风险事件对自己不具有直接威胁时，其风险更难以接受
伦理道德	当个体认为风险事件与日常伦理道德所不容，要比认为风险事件与伦理道德没有冲突的时候，其风险更难以接受
自然或人为风险	当个体认为风险事件是人为导致，要比认为风险事件是天灾，其风险更难以接受
受害者特性	那些可以带来确定性死亡案例的风险事件，要比那些只能带来统计性死亡案例的风险事件，更难以接受
潜在的伤害程度	那些在空间和时间上能够带来死亡、伤害和疾病的风险事件，要比那些只能带来随机效应和分散效应的风险事件，更难以接受

资料来源：Covello V. T. , Peters R. G. , Wojtecki J. G. , et al. Risk Communication, the West Nile Virus Epidemic, and Bioterrorism: Responding to the Communication Challenges Posed by the Intentional or Unintentional Release of a Pathogen in an Urban Setting. *Journal of Urban Health: Bulletin of the New York Academy of Medicine*, 2001, 78 (2): 382 – 391. 转引自谢晓非，郑蕊．风险沟通与公众理性．心理科学进展，2003（4）：375 – 381.

风险认知被认为是测量公众心理恐慌的指标，可以通过对公众的风险认知水平来分析心理恐慌的状态。

（2）负面因素放大作用。研究者发现风险的负面信息会吸引更多的关注，人们对它的记忆也更为持久，所以它的影响要远远大于正面信息。因此，人们往往赋予有关风险的负面信息更大的权重。

二、灾害预警

灾害预警是人类应对灾害至关重要的手段。因此这个议题一直以来都是灾害社会学的核心研究内容。美国社会学家夸兰泰利认为灾害预警包括三个要件：一是对灾害的评估，也就是有关机构或组织对所有潜在危险进行观察和分析的过程，是灾害预警的第一步；一旦潜在危险达到预先认定的标准，有关机构或组织就要给潜在的受灾地区和人们发出预警信息，这是第二步；第三步也是相当重要的，决定着灾害预警的有效性，就是人们对灾害预警的反应。灾害预警分为短期预警和长期预警。例如，有关大坝溃堤、龙卷风、飓风、海啸、火灾、爆炸物、毒气威胁、核泄漏等危险进行的预警，往往属于短期预警；而对那些危险影响比较缓慢的潜在灾害事件如饥荒、旱灾和较长时间内将发生地震的预警则是长期预警。不过，根据一些灾害社会学家的研究，人们对短期预警往往比较重视，而对长期预警的重视程度相对较低。

夸兰泰利认为，灾害预警信息往往不是在发布后便直线地传达到广大的民众当中，信息不是原原本本地被广泛而全面的接受，而常常是受到民众的不同解读，以一种复杂的方式被民众所理解和解释，因此往往会出现曲解的情况。因此，人们对灾害预警的反应并不是众多的单一民众是否接受预警信息并采取相应措施的过程，而是一个经过民众集体解读并可能获得集体确认乃至采取相应行动的过程。一般而言，灾害预警信息如果由政府发布，比起由某个人发布更能被广大民众相信和接受；或者，应急管理机构的工作人员发布的信息比其他个人发布的信息更具有效性。无论是正式渠道还是非正式渠道的信息，信息来源渠道越多，民众越有可能相信。内容前后一致比前后矛盾的信息更具可信性。①

灾害预警反应的研究与风险沟通研究有一些交叉之处，例如，两者都强调信息源、信息传播渠道和受众对预警过程的影响。在获得正式预警信息之前，人们也会根据周围环境的危险信号来作出相应的自我保护反应。2004 年，林德尔（Lindell）和佩里（Perry）提出了一个具有广泛适用性的解释模型，用于解释人们在应对不同类型的灾害和应急事件时的预警信息反应和自我保护行为。这一模型建构在特纳（Turner）和基利安（Killian）的“集体应急行为理论”基础之上。根据这一理论，当群体处在不确定（或具有潜在危险）的环境下并需要采取必要的行动时，他们会首先对自身的处境作一个集体的评判，并确立某些新的规范来指导下一步的行动。因此，当灾害预警信息发布后，他们会相互交流以作出集体的判断：预警信息的真实性如何？是否适用我们？我们是否真正陷于危险之中？我们如果采取行动是否可减少危害？采取什么行动？什么时候采取行动？等等。这些集体决定将受到以下因素的影响：①预警受众的特征，包括他们以往面临灾害或应急事件时的经验；②灾害的发展状况，包括可感受到的危险信号；③作出避害决定的社会网络背景。例如，与家人、同事、邻居或其他在场人员之间的沟通状况，以及这些人员之间所形成的关系强度。这些人员之间的互动，能达成一个新的规范，用于指导应对危机的行动。这样一来，人们在应对灾害预警时，不会只听从官方或其他正式渠道的预警信息，而是通过集体内部的相互沟通与交流，寻找其他渠道的信息以进一步确认官方信息的真实可靠性。由此，人们集体应对灾害预警的结果有可能产生与官方意图相左的避害决策。②

有不少研究发现，当官方还没有发布灾害预警时，人们就已经开始偷偷地采取疏散行动。“三里岛核事故”的例子最为典型。当官方仍在劝告大家，事故没有危害到居民安全，请大家安心工作和生活时，三里岛地区的一些居民已经采取了隐蔽的疏散行动，他们早已通过集体沟通，认为事故的后果不明，需要采取自我保护行动，不必等到官方发布疏散公告。2001 年，当世贸大楼 1 号塔被恐慌分子袭击后，2 号塔的部分人就已经根据事件情景作出判

① E. L. Quarantelli. People's Reactions to Emergency Warnings. *Transcript of the Dam Safety Conference August 23 – 24, 1983, University of Charleston, Charleston, West Virginia.* Federal Emergeney Management Agency, 1983. 178.

② Michael K. Lindell and Ronald W. Perry. *Behavioral Foundations of Community Emergency Planning.* Washington, DC: Hemisphere Publishing Company, 1992. 183 – 214.

断，并集体决定疏散，而当时官方仍未作出任何疏散的指示，塔内其他人也依然认为危险情况不明，需要寻找新的危险信号以确定 2 号塔是否安全，所以可以暂时留在原地不动。可见在官方正式的预警信号发布之前，人们总是集体沟通并作出决策，但决策的不同也导致最后死伤情况的不同。① 可见自我保护行为涉及面临灾害的个体、群体、场景、信息来源等多种因素，这些因素都在影响着人们自我保护的行动。

格拉德温（Gladwin）等人建构的决策树模型也表明了这种自我保护行动的复杂性。他们在对飓风灾害的疏散行动进行研究时发现，一系列因素都在影响着人们作出是否疏散的决定。这些因素包括人们对灾害威胁的认知、对其所在地区的危险状况的了解、缺乏适合转移的地方、担心家里的财物被抢劫、担心疏散反而更危险等。人们可能会决定继续留在原处不动，直到官方要求疏散，但这样做可能会导致失去逃生的机会。②

一些美国研究者发现，除非是极端恶劣的情况，否则一般的家庭都不会轻易疏散。总是有一部分人没有听到或有意忽视、轻视官方的要求和命令，另一部分人则力不从心，无法响应官方的指示。地方政府、州政府和联邦政府以及私营的新闻媒体之间的争论和缺乏协调将导致更多的混乱。仅仅是知道危险存在，即便是危险已经临近，仍不足以让人们作出自我保护的行动。官方需要作出特别明确的预警，提供更多的相关信息和具体的灾前预警方案，才能说服民众听从指令。③

有效的灾害预警信息必须是清晰明了的，而不是含糊其辞的；而且预警信息必须通过有效的途径传达到所有的民众。信息传达部门还必须确保每位民众没有收到其他与正确信息相矛盾的信息。在不能亲眼见到危险来临的情况下，人们一般会迟疑不决，不会立即按照灾害预警的提示采取相关行动。1955 年，美国加州的尤巴市和玛利斯维市曾经历过大洪水。尽管大众传媒覆盖面很广，但气象局的洪水预报还是被相当多的人忽视了。更有甚者，曾经获得预警信息的受灾者中有 39% 的人并不完全相信这些信息。不愿意按照洪

---

① NIST（National Institute of Standards and Technology）. *Reports of the Federal Building and Fire Safety Investigation of the World Trade Center Disaster.* Gaithersburg，MD：NIST，2005. 127.

② C. H. Gladwin，H. Gladwin and W. G. Peacock. Modeling Hurricane Evacuation Decisions with Ethnographic Methods. *International Journal of Mass Emergencies and Disasters*，2001，Vol. 19.

③ National Research Council. *Facing Hazards and Disasters：Understanding Human Dimensions.* Washington，DC：The National Academies Press，2006. 125 – 128.

水预警的提示采取疏散行动的原因主要有以下几个方面：①缺乏灾害的经历；②自我感觉良好，认为有能力应对洪水；③对救援机构产生依赖心理，认为无论遇到什么事，总会有人提供帮助并会渡过难关的；④希望灾害预警是一场误会，热衷于寻找新的信息以否定灾害来临的可能性；⑤不愿意放弃个人财产和物品，两手空空而去。最后一个原因非常关键。[①] 但以上分析并不代表灾害预警是无效的，实际上灾害预警依然能够得到大多数受灾者的积极响应。

尼格（Nigg）在“沟通与行为：组织与个人对预警信息的反应”一文中指出，人们对灾害预警是否会作出积极的反应行动，将取决于以下三个方面的因素：[②]

第一个因素是预警信息来源的可信性。受灾地区的民众非常重视灾害预警信息的来源。如果信息发布者被公认具有较高的可信度，那么预警信息往往会被认为是真的，可以依据此信息采取相应的行动。有研究发现，无论预警信息由谁来发布，民众的第一反应必然是怀疑，而疑心必须排除，才有可能使预警有效传达。在美国，一般而言，由政府特别是地方政府所发布的预警信息是最为可信的。如果是媒体发布了信息，而这些信息与官方权威机构发布的信息不同，常常会被民众视为“情况参考”，人们不会依据这样的信息采取相应的行动。

“以往是否经历灾害”这个因素会影响人们对预警信息可信性的认知。没有过往经验的人倾向于根据信息的发布者来判断信息的可信性，如他们会认为权威机构发布的信息更为可信；而有过往经验的人则倾向于根据信息的内容来判断其可信性。

第二个因素是预警信息的内容。许多研究发现，预警信息越精确、所传达的逃生选择信息越多、对灾害威胁的性质越清楚、与其他预警信息一致性越高，人们就越有可能相信信息是真实的，也愿意采取相应的行动。如果信息比较含糊，只是提示灾害可能发生的时间或大概的地理方位，那么，人们就不会认为存在灾害的危险。中国发生的许多地震，虽然之前有过不少预警信息，但大多是发生时间估测在两三年左右，地理方位跨度也比较大。例如，

---

① Charles E. Fritz and Harry B. Williams. The Human Being in Disasters：A Research Perspective. *Annals of the American Academy of Political and Social Science*, *Vol. 309*, *Disasters and Disaster Relief*, 1957. 42 – 51.

② Joanne M. Nigg. Communication and Behavior：Organizational and Individual Response to Warnings. In：Russell R. Dynes, Bruna DeMarchi and Carlo Pelanda. *Sociology of Disasters*：*Contribution of Sociology to Disaster Research*. Milano, Italy：Franco Angeli, 1987. 110 – 114.

2008 年 5 月汶川发生大地震。而之前有过一些研究文献曾预测中国西南或四川一带数年或数十年之内将发生大地震，但这样的信息比较含糊，即便是专业机构也没有引起重视。

预警信息内容前后不一的情况，会导致人们加深对灾害威胁状况的担忧，从而引起人们对所有信息的怀疑，并采取自我保护行动。例如，美国发生“三里岛核事故”时，核电厂周边地区的人们听到了许多相互矛盾的信息，信息报告的混乱引起了人们对核电厂威胁更大的担忧，最终导致很高比例的人员采取疏散行为。

第三个因素则是预警信息的确认过程。这实际上是人们对权威机构和新闻媒体所发布的预警信息进行解释的过程，人们往往倾向于利用非正式网络获得的其他信息来对权威的信息进行分析。例如，亲戚朋友或同事之间面对面的交流，往往是确认权威信息的最有效途径。不过，这些亲密网络所带来的非正式信息常常是相互矛盾或前后不一的，因此，小圈子内互动是否能够带来有效的灾害应对决策将取决于网络内部信息的质量和他们对灾害预警信息的认知水平。

第二节　灾害谣言的传播与扼制

在自然灾害或人为灾害发生前后，谣言总是相伴而行；但在许多时候，灾害并未发生，而有关灾害的谣言却四处肆虐。我们将这两种情况下发生的谣言称为“灾害谣言”（disaster rumor）。灾害的难以预测性和人们对灾害的高度关注是灾害谣言形成的基本条件，因为灾害的发生往往是出人意料且危害深重的，人们关注的事件如果得不到清晰而明确的解释，就有可能受到谣言的影响。1947 年，奥尔波特等心理学家给出了一个决定谣言传播强度的公式：

$$\text{谣言} = \text{（事件的）重要性} \times \text{（事件的）模糊性}$$

在这个公式中，他们指出了谣言的产生与事件的重要性和模糊性成正比关系，事件越重要且越模糊，谣言产生的效应也就越大。当重要性和模糊性只要有一方趋向于零时，谣言也就不会产生。[1] 而灾害事件因其较一般事件具有更大的重要性和模糊性，故而灾害谣言传播的强度远远高于一般性谣言。

一、关于灾害谣言传播的理论解释

当获知有关灾害的信息时，无论这种信息来自正式的还是非正式的渠道，人们都会加以重视，这是人类规避潜在危险的本能反应。如果这些信息具有不确定性或模糊性，人们往往会通过私下传话、议论或讨论等人际沟通方式或其他沟通方式来获取更多的信息，以减少灾害发展态势的相关信息的模糊性，从而缓解对灾害潜在威胁的焦虑或恐惧。有些学者将这种沟通方式称为"集体解读"（collective explanation）或"集体理解"（collective sense - making）[2]。恰恰是在这个过程中，人们有可能会"制造"和传播灾害谣言。

为什么有人会"制造"和传播谣言，心理学家有过许多解释，但专门对与灾害有关的谣言进行分析的并不多见。较早对灾害谣言作出解释的是心理学家罗伯特·纳普，他将谣言分成期待性谣言（wish rumors）、恐怖性谣言（bogie rumor）和侵犯性谣言（aggression rumor）三种类型[3]，其中恐怖性谣言包括灾害谣言。我们可将1944年他对"恐怖性谣言"传播动机的解释归纳为如下几点：首先，传播谣言其实是人们在表达某种潜在的心理焦虑，而在战争或其他灾害事件中，谣言则根植于恐惧，此时传播谣言是为了抵御焦虑和恐惧感。因为通过议论或讨论谣言可以让他人确认谣言内容的真实性（当然如果得到他人的有力反驳更好），也可以与他人分担焦虑和恐惧，并从他人那里获得情感支持（emotional support）。其次，传播恐怖性谣言可以满足某些人的表现欲。尤其是那些缺乏自信的人，常常会借助于散播恐怖性谣言来提高自己在同伴中的地位。由于人们对有关灾害等恐怖性事件的信息高度重视，因此传播恐怖性谣言可以表明他（她）拥有他人所不知晓的"重要"信息，

---

① Gordon W. Allport and Leo Postman，An Analysis of Rumor. *The Public Opinion Quarterly*，1947，Vol. 10，No. 4：502 - 503.

② Prashant Bordia and Nicholas DiFonzo，Problem Solving in Social Interactions on the Internet：Rumor as Social Cognition. *Social Psychology Quarterly*，2004，Vol. 67，No. 1：31.

③ 有学者将谣言分为两种，即恐怖性谣言（dread rumor）和期待性谣言（wish rumors）。参见：Rosnow，Ralph L.，James L. Esposito and Leo Gibney. Factors Influencing Rumor Spreading：Replication and Extension. *Language and Communication*，1988（8）：29 - 42.

从而达到自我炫耀的目的。再次，传播恐怖性谣言有时也出于不知实情者的良好动机，他们对谣言的内容深信不疑，出于帮助他人的心理，他（她）们也会急迫地试图告知他人危险的来临。① 奥尔波特等心理学家的观点与此相似，他们认为：人们散布谣言的动机在于“谣言能提供一种排解紧张情绪的口头发泄途径”；此外，传播谣言时可使传谣者抬升个人的声望，在听众面前居高临下。例如，在第二次世界大战美国与意大利交战期间，有些美国人定时收听敌对国意大利的“罗马电台”，并将电台发布的消息传递给邻居。这些人乐此不疲传播谣言的原因在于，他们为自己拥有质量好、能收听意大利电台的收音机，并能将听到的消息传播给羡慕不已的邻居们而感到自豪。② 灾害谣言作为最受人关注和最易于传播的“恐怖性谣言”，满足了人们获得扑朔迷离的灾害事件信息的心理需要。

而灾害谣言的受众之所以对谣言产生兴趣并参与其中，其原因就是谣言的内容有可能是真实的。以为谣言总是虚假的信息，这是一些人对谣言本质的错误认识。法国学者卡普费雷在总结前人关于谣言的研究后发现，几乎所有的学者都没有把谣言定义为“虚假的信息”，而只是把谣言看作“未经可靠来源证实的”信息而已。谣言研究奠基人奥尔波特和纳普等心理学家虽然倾向于分析谣言的负效应问题，但他们都不认为谣言的内容总是虚假的。社会学家们也普遍认同这种观点。例如，彼得森等人在《美国社会学评论》上发表的“谣言与公共舆论”一文也给谣言下了如此定义：“谣言是人与人之间流传的，对公众关注的事物、事件或问题的未经证实的阐述或解释。”③ 在分析了大量关于谣言的研究文献后，卡普费雷认为谣言其实是一个令人尴尬的中性信息，“谣言之所以令人尴尬，就是因为它可能是真实的……谣言并非总是无稽之谈”，有时人们甚至可以从谣言中获取某些隐匿的实情。④ 因此，人们热衷于灾害谣言传播恰恰是因为有关灾害的信息与自己的切身利益（如生命、财产安全）密切相关，人们不愿错过有可能反映事实的谣言。

---

① Robert H. Knapp, A Psychology of Rumor. *The Public Opinion Quarterly*, 1994, Vol. 8, No. 1: 31 – 34.

② 奥尔波特等. 谣言心理学. 刘永平等译. 沈阳：辽宁教育出版社，2003. 20，26 ~ 27.

③ Warren A. Peterson and Noel P. Gist, Rumor and Public Opinion. *The American Journal of Sociology*, 1951, Vol. 57, No. 2: 159.

④ 让—诺埃尔·卡普费雷. 谣言：世界最古老的传媒. 郑若麟译. 上海：上海人民出版社，2008. 3 ~ 4.

传播灾害谣言同时也是个体与群体保持联系的需要。灾害谣言作为一种“未经证实”或缺乏证据的重要信息需要人们共同作出解释，以便探究事实真相、得出一致结论并采取相应的避害行动。卡普费雷在谈及谣言为何得以流传的问题时指出：“谣言是社会协调一致的有效媒介：所有发生的讨论均表达了我们参与其中的群体舆论。参与谣言也是参与群体行动。……（因此，）每次进行有关谣言的谈话时，我们都会通过在讨论过程中掺入一些细节、假设以及添油加醋，制造出一个一致的意见来。”① 在灾害事件当中，这类“一致意见”往往给谣言增添新的内容，并提升谣言的活力。在形成对灾害谣言“一致意见”的过程中，人们的从众行为，即共同参与对谣言内容的解释行为，维持了个体与所属群体之间的互动关系。

事实上，人们每天都会面对各种各样的信息，这些信息中可能就包含谣言。当一个地区有可能发生灾害或灾害已经发生时，新闻媒体、政府、社区性组织、群体和个人都有可能发布或传播灾害的相关信息，人们倾向于将来源不同的信息进行相互印证。当然，人们习惯于接收那些经得起推敲的、有可信性的信息。过分夸张、缺乏背景因素或可靠来源的灾害谣言是难以传播的，因为人们很容易辨明其真伪。例如，在远离海岸线的内陆地区产生和传播诸如“海啸即将带来灭顶之灾”的谣言的可能性极低。实际上，得到广泛传播的灾害谣言不会苍白无力地出现在人们的面前，它们常常具有难以辩驳的可信性。在许多国家，官方或新闻媒体发布的灾害信息常常是社会公众了解灾害事件发展的重要来源。不过，长期从事灾害研究的美国社会学家夸兰泰利发现，官方或新闻媒体所发布的灾害预警信息并不会被众多的社会个体原封不动地加以接受，人们往往需要对这些信息进行集体解读并获得集体确认后，才会采取相应的避害行动。集体解读一般经由人际沟通或网络互动，“小道消息”、流言或谣言就常常通过人际互动或网络互动得以传播。② 在这个集体解读的过程中，灾害谣言是否产生与传播取决于灾害信息的模糊性大小。如果人们所信赖的信息渠道（对于某些人而言可能是科学家，而对于另一些人而言则可能是所属社区内德高望重的人物，或其他渠道）不能及时、

---

① 让—诺埃尔·卡普费雷．谣言：世界最古老的传媒．郑若麟译．上海：上海人民出版社，2008. 57.

② E. L. Quarantelli. People's Reactions to Emergency Warnings. *Transcript of the Dam Safety Conference August 23 – 24, 1983, University of Charleston, Charleston, West Virginia*. Federal Emergeney Management Agency, 1983. 178.

有效地降低灾害预警信息的模糊性，谣言传播的强度就会加大。

二、灾害谣言与新闻媒体的关系

在20世纪中叶前后有关谣言的经典研究文献中，研究者们大多认为谣言主要通过“口口相传”的沟通方式（word-of-mouth communication）得以流传。然而随着新闻媒体的日益发展，谣言不再局限于人与人之间的口头传播，而是更多地借助现代传媒工具，其传播的速度和强度今非昔比。因此，在探讨灾害谣言的传播问题时，我们不能回避新闻传媒的作用。

虽然新闻媒体已经成为人们应对灾害事件的重要信息来源，在防范灾害中发挥积极的作用，但其负面影响也不容忽视。《人为的灾害》一书的作者、美国著名的灾害研究者丹尼斯·米勒蒂认为，新闻媒体有时会对灾害的错误信息进行传播，由此导致公众对灾情产生不必要的忧虑。[①] 许多从事危机研究的西方学者发现，在灾害事件中新闻媒体时常发布不准确、带有偏见和夸大的信息。[②] 总之，新闻媒体如果对灾害信息的开放与控制失度（inappropriate），将会导致灾害谣言的产生与传播。

（一）灾情信息泛滥助长灾害谣言传播

鉴于灾害信息的模糊性与谣言传播的强度成正比，人们一般会认为，在对灾害信息的报道中给予充分的新闻自由必然会抑制谣言的传播及其负面效应。因为在各种信息得到自由传播的情况下，虚假信息会在与真实信息的正面交锋中最终被否定，即便灾害谣言暂时得以流传，也不会存留长久。其实不然。由于新闻信息发布不受节制或缺乏监督，关于灾害的虚假信息往往泛滥成灾，人们难以仔细甄别大量信息的真伪，谣言流传的可能性会大大增加。与此同时，如果官方对灾情信息发布采取放任自流的态度，其危害性也很严重，因为人们往往会将官方的放任态度解读为默认灾害存在发生的可能性。美国的“布朗宁预测事件”就是一个典型的例子。

---

① Dennis Mileti, et al. *Disasters by Design: A Reassessment of Natural Hazards in the United States*. Washingto DC: Joseph Henry Press, 1999. 225.

② Havidán Rodríguez, et al. Communicating Risk and Uncertainty: Science, Technology, and Disasters at the Crossroads. In: Havidán Rodríguez, Enrico L. Quarantelli, Russell R. Dynes (eds.). *Handbook of Disaster Research*. New York: Springer, 2006. 482.

1989 年 11 月 29 日，美国《阿肯色民主党党报》发表了一篇题名为“新马德里地震即将降临”的文章。文章宣称曾经成功预测洛马·普里塔地震的气象学家、科学家、发明家、拥有哲学博士学位的依本·布朗宁（Iben Browning）预测密苏里州新马德里地震区将于 1990 年 12 月 3 日发生 6.5 ~ 7.5 级大地震。由于之前地理学家们曾发表论文预测 1985—2045 年新马德里地震带将发生里氏 6.0 级左右的大地震，这一地区的民众均对布朗宁的预测感到震惊，从此布朗宁在密苏里、肯塔基、伊利诺和阿肯色等州的许多地方成为家喻户晓的人物，他的预言导致当地召开了大量防震会议、防震灾害的演练、学校停课、部分居民撤离以及形形色色谣言的泛滥，严重影响了相关地区的正常工作和生活秩序。[①] 美国国家地震预测评估委员会与往常一样，当时只是对学院派的有关地震预测的科学论文进行了常规的分析和评估，但新闻媒体有关布朗宁预测的报道引起了社会公众的广泛关注，需要委员会对其作出评估，以解答大众的疑惑。于是委员会破例对布朗宁的预测进行分析和评估，最后发表了长达 35 页的分析报告，质疑了布朗宁的分析方法以及他在 1990 年 10 月 18 日的新闻发布会上所作出的预测。不过，这并不能缓解社会公众对地震的忧虑。相关的媒体新闻依然铺天盖地，350 篇以上的各种有关布朗宁预测的论文出现在地方和全国性的 40 多种出版物中，使当地居民的恐慌达到高潮，对地震谣言深信不疑。可以说，布朗宁的预测戏剧性地改变了当地居民对地震威胁的认知。[②]

虽然美国地方政府对布朗宁的预测比较及时地作出了回应，但由于暂时无法依据充分的事实对地震是否会发生作出明确的答复。相反，新闻媒体发布的虚假信息传播更为迅速，短时间内数百篇有关这一谣言的文章在各种正式的传媒中发表和传播。最后，导致当地居民的集体恐慌。奇怪的是，尽管大量的新闻媒体积极报道布朗宁的预测，却极少有人去质疑布朗宁的真实身份。后来人们才发现这位所谓的气象学家其实从未受过任何气象学方面的正规教育，而只是一名动物学者，他也从未预测过洛马·普里塔地震。[③]

---

① John E. Farley, *Earthquake Fears, Predictions, and Preparations in Mid-America.* Carbondale, Illinois: Southern Illinois University Press, 1998. 2 – 3.

② Pamela Sands Showalter. Prognostication of Doom: An Earthquake Prediction's Effect on Four Small Communities. *International Journal of Mass Emergencies and Disasters*, 1993, Vol. 11, No. 3: 279 – 292.

③ 克里斯托弗·托默．科学幻象：生活中的科学符号与文化意义．王鸣阳译．南昌：江西教育出版社，1999. 4.

人们从这一事件中发现了一个令人疑惑的现象：在过度放任的“新闻自由”的格局下，大量的虚假信息四处流传，而有关真相的信息却难以得到充分的传播。这究竟是为什么呢？这是因为人类有回避潜在危险的本能，这种本能驱使人们选择性地接收更多的与切身利益关联重大的信息，而忽视其他信息。相对于布朗宁的身份及其专业学历而言，“布朗宁预言大地震某日发生”、“布朗宁曾成功预言大地震”的传言更令人关注。这正如奥尔波特等人所指出的谣言歪曲事实真相的模式那样，“谣言中省略了大量有助于了解事实真相的细节……当那些细节被删去后，被保留下来的细节就更为突出、重要”①。因此，灾害谣言传播及其负效应能否得到有效遏制不在于有没有不受节制的“新闻自由”，而在于反映真相的信息是否获得了充分的传播机会。官方、专业机构和新闻媒体在披露真相信息的过程中责无旁贷。遗憾的是，在“布朗宁预测事件”中，上述机构的角色扮演是非常失败的。

一位灾害研究者在事后探讨谣言传播事件的起因时指出：地震谣言的泛滥，布朗宁的伪科学预测只是次要的起因，官方和新闻媒体的态度与行为才是罪魁祸首。首先应受谴责的是负责灾害预报的地方政府官员，他们本应是可靠的信息来源，却对布朗宁的伪科学预测赋予信任，从而引发了公众的集体恐慌。其次要谴责的是新闻媒体，它们没有积极报道那些反对布朗宁预测的科学家的言论，或在报道谣言之前求证于科学家，而是滥用所谓的“恐吓策略”（scare tactics），动辄刊登巨大的文章标题和耀眼的图片以营造地震灾害即将来临的恐怖气息，从而引起读者的关注。② 笔者认为，这其实是新闻媒体为了实现其商业目的而不惜传播谣言。这种事例在美国并不少见，如《洛杉矶自由报》曾刊登有关地震即将降临的谣言和其他“爆炸性新闻”以吸引人们的眼球，从而成为20世纪六七十年代发行量巨大、发行范围很广的美国地下报纸。③

事实上，新闻媒体在灾害期间或之后的新闻报道中也常常给人们传播模糊的信息乃至谣言。有研究表明，媒体在报道灾害事件时有过分夸大或强调

---

① 奥尔波特等．谣言心理学．刘永平等译．沈阳：辽宁教育出版社，2003. 94～95.

② Marlin Shipman，Gll Fowler and Russ Shain. Media Coverage of the Browning Prediction：Whose Fault Was It？An Analysis of Newspaper Coverage of Iben Browning's New Madrid Fault Earthquake Prediction. *International Journal of Mass Emergencies and Disasters*，1993，Vol. 11，No. 3：386.

③ David M. Andersen. The Los Angeles Earthquake and the Folklore of Disaster. *Western Folklore*. 1974，Vol. 33，No. 4：332.

危机程度的倾向，甚至成为谣言的“携带者”（carriers）。其原因是新闻媒体倾向于只报道那些受灾最严重的地点、最悲惨的受害者，而对其他不能引人注目的信息则只字不提，从而给新闻受众留下灾害极端恶劣的印象。[①] 新闻媒体的这种行为起因于其商业动机，对灾害谣言的传播起着推波助澜的作用。

（二）灾情信息缺乏导致灾害谣言的传播

在古代社会或在大众传媒不发达的时代，人与人之间的信息交流主要通过人际沟通来实现，而谣言作为“世界最古老的大众传播媒介”，在缺乏畅通的信息传播渠道之时便会大行其道。奥尔波特等人认为“谣言会在新闻缺乏时滋长”[②]，在灾害信息无法得到人们所信赖的信息传播渠道的充分解释时，灾害信息的模糊性也就无法得以有效降低，灾害谣言便会流传开来。

有关灾害的新闻信息之所以缺乏，有可能是因为新闻媒体受到政府的严密控制，如有意封锁信息或隐瞒真实信息等，正如奥尔波特等人所言：“在那些杂志报纸为极权政府服务的国家里，它会成为谣言之源。”[③] 事实上，在一些国家和地区的某些时期，官方所控制的媒体并不是人们信赖的信息来源。20 世纪 50 年代，鲍尔等人在苏联进行有关谣言可信度的调查时发现：人们将谣言作为解读官方媒体信息的重要参照，甚至认为谣言比官方媒体信息更可信。在被调查者当中，大约 56% 的苏联农民认为谣言比官方媒体发布的信息更可信，而在知识分子当中这个比例高达 95%。[④] 这说明人们对官方媒体的信任度较低很可能是谣言流行的重要原因。但在当今社会更为常见的情况则是，灾害新闻信息的缺乏起因于政府对灾害预警采取了过分谨慎的策略。这种策略尽管具有一定的合理性，但却使有关灾情信息趋向于模糊，并可能使谣言滋长。

鉴于民众在灾害面前可能出现的恐慌逃生行为，不少国家和地区的政府部门在发布灾害预警时总是十分小心谨慎，不等到灾害发生已经确定无疑时

---

① Osamu Hiroi, Shunji Mikami and Kakuko Miyata. A Study of Mass Media Reporting in Emergencies. *International Journal of Mass Emergencies and Disasters*, 1985, Vol. 3, No. 1: 41 – 42.

② Gordon W. Allport and Leo Postman. An Analysis of Rumor. *The Public Opinion Quarterly*, 1947, Vol. 10, No. 4: 502.

③ 奥尔波特等. 谣言心理学. 刘永平等译. 沈阳：辽宁教育出版社，2003. 135.

④ Raymond A. Bauer and David B. Gleicher. Word-of-Mouth Communication in the Soviet Union. *The Public Opinion Quarterly*, 1953, Vol. 17, No. 3: 307.

一般不轻易发布相关信息。例如，在美国和墨西哥之间的里奥格兰德河洪水泛滥期间，美国和墨西哥的地方政府总是有意地延缓发布灾害预警的时间，因为他们担心“过早”的预警会引起恐慌；1953 年在美国马塞诸塞州的武斯特发生龙卷风之前，气象局没有提前发布消息，也是出于同样的考虑。① 这种灾前过于谨慎导致灾难的案例不胜枚举。尽管必要的谨慎是合理的，但过分谨慎使灾害信息维持在高度模糊的状态，人们对灾害发生可能性的疑惑得不到充分而明确的解释，从而导致人们对官方和其他正式渠道信息的信任度下降，转而寻求其他来源的信息以缓解对灾害的焦虑和恐惧情绪。

因此，在灾情信息高度模糊的情况下，人们不会只听从官方或其他正式渠道的预警信息，而是通过集体解读，即在内部成员之间进行相互沟通与交流，寻找其他渠道的信息（包括不能轻易辨别真伪的谣言）以进一步确认官方、新闻媒体等正式渠道信息的真实性。这种集体解读有可能导致人们传播谣言并作出与官方意图相左的避害决策。美国的“三里岛核事故”是一个典型案例。1979 年 3 月，位于美国宾夕法尼亚州的三里岛核电站发生事故，当官方仍在劝告大家，事故没有危害到居民安全，请大家安心工作生活时，三里岛地区就开始流传核电站将会像原子弹一样发生爆炸，相当多的居民相信了这个谣言。不仅如此，还有谣言说弗吉尼亚州已经下令三个县的民众撤离，而宾夕法尼亚州也已决定撤离三个县的民众。此时大量周边居民打电话进行咨询并提出许多疑问，而美国国家核能管理委员会（简称核管会）的工作人员出于谨慎的原则，没有透露更多确定性信息，事实上也没有办法通过电话一一给予明确的答复，与此同时，新闻媒体也没刊登最新的确定性消息。负责三里岛核电站新闻发布的官员亚伯拉罕（Abraham）说：由于三里岛核电站的情况存在许多不确定性，因此他与新闻媒体沟通时总是“非常、非常之谨慎”。当时人们主要依赖于收音机来收听广播电台的新闻消息，许多居民甚至长时间等候在电话机旁边，随时与自己的亲朋好友保持联系，而从电话机里传来的消息往往是虚假的谣言。这样一来，谣言传得更为猛烈，甚至有人传言核电站所在地的中州镇已经被核爆炸所摧毁，直升机已将镇上所有居民全

① E. L. Quarantelli. Images of Withdrawal Behavior in Disasters: Some Basic Misconceptions. *Social Problems*, 1960 (8): 68 - 71.

部撤离。[①] 这些谣言的大量传播导致当地的一些居民纷纷采取隐蔽性疏散行动。他们早已经过集体沟通，认为事故的后果不明，需要自我保护，不必等待官方发布撤离公告。事后根据美国核管会的估计，周边地区民众的集体恐慌最终引起了约5 000个家庭、14.4万人自发逃离家园；[②] 另外有数以万计的反核人士进军华盛顿，美国各大城市的群众和正在修建核电站的地区的居民纷纷举行集会示威，要求停建或关闭核电站。然而，这次后来被称为“非常核事故”的三里岛事故对周边居民和环境“真正的辐射危害出乎意料地小”[③]，小到可以忽略不计。

三、应对灾害谣言的策略

如上所述，无论是新闻信息缺乏还是新闻信息泛滥，灾害谣言均会产生与传播，这源于灾情信息的模糊性以及人们的高度关注和“集体解读”。如何避免在这个集体解读过程中谣言泛滥，官方和新闻媒体责无旁贷。但以往的经验表明，采取强硬措施对新闻传播渠道实施严密控制抑或放任自流都将导致灾害谣言负面效应的放大。然而，对灾情信息要真正实现适度的开放与控制，绝非易事。

（一）确保公众获得充分、准确的灾情信息

美国学者尼格在灾害预警信息沟通的研究中发现，官方或新闻媒体发布的灾害预警信息越精确、所传达的信息越多、对灾害威胁的性质越清楚、与其他灾害信息一致性越高，人们就越有可能相信信息是真实的，也更愿意响应官方的号召而采取相应的行动。[④] 在面对灾害时，人们迫切地想了解灾害发生的进展情况获得新的信息，以缓解焦虑情绪。因此，米勒蒂认为：反复播

---

① J. Samuel Walker. *Three Mile Island: A Nuclear Crisis in Historical Perspective*. London: University of California Press, 2006. 25, 95－96, 155, 156.

② Peter S. Houts, Paul D. Cleary, Teh-Wei Hu. *The Three Mile Island Crisis: Psychological, Social, and Economic Impacts on the Surrounding Population*. Pennsylvania State University Press, 1988. 19.

③ 胡遵素. 一所亿万美元的学校——浅谈三里岛事故及其影响. 辐射防护，1984（3）：230.

④ Joanne M. Nigg. Communication and Behavior: Organizational and Individual Response to Warnings. In: Russell R. Dynes, Bruna DeMarchi and Carlo Pelanda. *Sociology of Disasters: Contribution of Sociology to Disaster Research*. Milano, Italy: Franco Angeli, 1987. 110－114.

放官方有关灾害的准确、具体的信息有助于增强人们对正式渠道信息的信任，从而减少信息误导和谣言的传播。①

（二）确保回应谣言的及时性

在灾害发生的前后，谣言有时产生于正式渠道的相关信息发布之前，往往使官方和新闻媒体猝不及防。灾害可分为急性灾害和慢性灾害两种。前者如大坝溃堤、龙卷风、飓风、地震、海啸、火灾、爆炸物威胁、毒气威胁、核泄漏等突发性灾害；后者如饥荒、旱灾和水灾等，属于危险影响比较缓慢的灾害事件。相对于慢性灾害，急性灾害发生后谣言产生和传播的可能性更大。因为突发的“急性灾害”使人们很难在短时间内获得灾害事件全面、准确的信息，相关信息的模糊性骤然增加；遭遇突然打击后，人们更容易受到非理性思维的支配，受谣言左右的可能性提高。

官方应在协调新闻媒体处理灾害信息中起到引导作用。从事应急沟通研究的学者斯坎伦（Scanlon）认为，在应对灾害事件的过程中官方应时刻与新闻媒体保持密切联系，并告知新闻媒体尽可能报道所有灾害的相关事实，不应以担忧引起恐慌为由而隐瞒部分事实，因为真正的危险是对人们隐瞒灾害风险；此外，官方也有责任确认新闻媒体是否已经获得准确的灾害信息。②

（三）确保多渠道信息来源的一致性

一般而言，灾害预警信息如果由官方发布，比起由某个个人发布更能获得广大民众的相信和接受，或者，由应急管理机构的工作人员发布更具有效性。无论是正式渠道还是非正式渠道的信息，信息来源渠道越多，民众越有可能相信。内容前后一致比起前后矛盾的信息更有可信性。③ 米勒蒂还发现，无论预警信息由谁来发布，社会公众的第一反应必然是怀疑，而疑心必须排除，才有可能使预警有效传达。在美国，由政府特别是地方政府所发布的预

---

① Denis S. Mileti. Factors Related to Flood Warning Response. U. S. - Italy Research Workshop on the Hydrometeorology, Impacts, and Management of Extreme Floods Perugia (Italy), November, 1995.

② Joseph Scanlon, Suzane Alldred, Al Farrell, et al. Coping with the Media in Disasters Some Predictable Problems. *Public Administration Review*, 1985, Vol. 45.

③ E. L. Quarantelli. People's Reactions to Emergency Warnings. *Transcript of the Dam Safety Conference August 23 – 24, 1983, University of Charleston, Charleston, West Virginia*. Federal Emergency Management Agency, 1983.

警信息总是最为可信的。[①] 如果是新闻媒体发布了信息，而这些信息与官方权威机构发布的信息不同，常常会被民众视为“情况参考”，人们不会依据这样的信息采取相应的行动。[②] 鉴于社会公众缺乏在大量关于灾害信息中筛选真相的能力，专业机构（如防灾专业部门）、灾害学专家、政府和新闻媒体有责任及时作出专业判断并加以引导。

预警信息内容前后不一的情况，会导致人们加深对灾害威胁状况的担忧，从而引起人们对所有信息的怀疑，并采取自我保护行动。例如，在美国“三里岛核事故”以及“布朗宁地震预测事件”中，人们听到了许多相互矛盾的信息，这种信息报告的混乱反而引起人们对灾害威胁更大的担忧，最终导致谣言的广泛传播和高比例人员的恐慌性疏散行为。

本章学习要点

灾害信息传播、风险沟通在人类应对灾害的过程中至关重要，但人类在认知灾害风险的过程中却存在许多误区，从而导致灾险的负面效应扩大。

灾害预警是人类应对灾害的至关重要的手段。灾害预警分为短期预警和长期预警。人们对短期预警往往比较重视，而对长期预警的重视程度相对较低。

灾害谣言往往在灾害发生过程中得以传播并带来祸害。无论是在灾情信息缺乏还是泛滥的情况下，灾害谣言都有可能发生并传播。普及灾害知识、及时充分地公开灾情信息、确保相关部门回应谣言的及时性以及迅捷的灾害沟通渠道是人们能够理智地面对灾害谣言的有效途径。

关键术语

风险认知　灾害预警　灾害谣言

补充读物

National Research Council. *Facing Hazards and Disasters: Understanding Hu-*

---

① D. S. Mileti, and E. M. Beck. Communication in Crisis: Explaining Evacuation Symbolically. *Communication Research*, 1975 (2): 24 -49.

② Joanne M. Nigg. Communication and Behavior: Organizational and Individual Response to Warnings. In: Russell R. Dynes, Bruna DeMarchi and Carlo Pelanda. *Sociology of Disasters: Contribution of Sociology to Disaster Research.* Milano, Italy: Franco Angeli, 1987. 110 -114.

man Dimensions. Washington，DC：The National Academies Press，2006.

思考题

1. 人们的风险认知存在哪些误区？
2. 什么是灾害预警？
3. 什么是灾害谣言？它有什么特点？如何应对灾害谣言？

第四章　灾害中的社会秩序

本章概述

阐述人们对自然灾害与人为灾害的行为反应特点，以及在灾害发生的过程中，人类的行为模式与社会秩序维持的问题。分析恐慌逃生行为、趁灾偷窃行为、自救与救援行为。

第一节　灾害中的非理性行为

一旦灾害降临，人们将有怎样的反应？许多人设想：在灾害的情景中人们的行为将变得不可预测，往往会出现过度惊愕、恐慌奔窜、心理依赖等现象，正如涂尔干所描绘的“社会失范”现象一样，以往对人们的社会行为具有约束力的社会规范在灾害的环境下失去了应有的作用。因此，当灾害发生时如果急于通知居民迅速疏散灾害地区反而会引起民众的集体恐慌。[①] 那么，事实是否真的像人们预想的那样呢？在本章中，我们将根据相关的研究成果来说明个人、家庭和社区对灾害的反应模式。

一、对灾害认知的误区与后果

突发风险事件所导致人们的非理性行为，其危害程度有时会大于风险事

① Henry W. Fischer, III. *Response to Disaster*: *Fact Versus Fiction & Its Perpetuation*: *The Sociology of Disaster* (2nd ed). Lanham: University Press of America,® Inc., 1998. 13.

件本身。这一现象在人类漫长的灾害历史中不乏其例。灾害社会学研究的最早议题之一便是研究人们对灾害预警的反应方面的问题。人们是否会听从灾害预警部门的提示并采取相应的行动？这关系到受灾地区的人们是否有充分的准备来应对灾害，在灾害来临之前提前采取措施（如修筑防灾设施、转移人员和财产等），比等到灾害已经迫在眉睫时再采取行动要好得多。关于灾害中人们的应急行为，有大量的实证研究。这些研究发现，人们对灾害应急行为存在许多认知上的误区，这些认知误区所引发的非理性行为最终可能导致"次生性灾害"。

（一）灾害中人类认知的误区

美国社会学家夸兰泰利认为，人们对灾害应急行为的认知有以下三种误区：一是当灾害来临时人们会出现非理性逃生行为；二是受灾者会因过度惊愕而不知所措，产生依赖外援的心理，缺乏自救能力；三是无论是非理性奔窜行为还是过分依赖心理，都是可控的。①

（二）非理性行为导致的"次生性灾害"

可以在历史上发生的灾害中找到许多证据。如当发生地震、火灾时，人们出于本能而慌不择路的逃生行为，引发踩踏而致死致伤。这也就是应急管理部门在制定有关应急管理对策时所重点考虑的所谓"次生性灾害"（即因人们错误地应对灾害而导致的新的灾害性后果）。有时"次生性灾害"所造成的损失甚至会超过"原生性灾害"。

实例解读

恐慌逃生引发的"次生性灾害"

1994 年 9 月 16 日，台湾海峡发生 7.3 级地震，震中距广州、汕头 90 千米，距厦门 70 千米。在福建造成灾害的地区多为 6 级，按说不会有大的破坏，但安溪二中、六中两校由于学生惊慌失措，争先恐后从楼上往下跑，人挤人、人踩人，造成 29 人受伤的后果。广东饶平县黄岗镇

① E. L. Quarantelli. Images of Withdrawal Behavior in Disasters: Some Basic Misconceptions. *Social Problems*, 1960 (8): 68 – 71.

小学正在上课，地震一来，乱作一团，纷纷挤出教室，一名六年级女生被挤伤致死。汕头市某中学两名学生被挤成重伤，在送往医院途中死亡。学生的伤亡，没有一个是因为房屋倒塌而造成的，全是临震惊慌，争抢涌出教室，在争先恐后奔逃中挤压、踩踏而造成的悲剧。相反，在震害较重的福建东山镇实验小学，地震发生时，在学校老师组织下全校学生情绪稳定，迅速有序地疏散，有效地避开了房屋落下的砖瓦，无一伤亡。

2006年5月27日，印度尼西亚中爪哇省日惹市遭遇6.2级地震袭击。还在沉睡的人们来不及逃出他们的住所，就被瞬间倒塌的建筑物夺去了生命，许多逃到屋外的群众，也纷纷被四处散落的建筑物碎片击中。初步统计，死亡人数近6 000人。雪上加霜的是，一个恐怖的谣言在惊慌失措的灾民中迅速传开：地震引发的海啸将在未来两个小时内横扫整个日惹地区，而且最近几天一直显得活跃的默拉皮火山也将喷发，水与火要把日惹化为“地狱”。对2004年印度洋海啸记忆犹新的当地人顷刻慌了神，纷纷收拾细软，驾驶汽车或摩托车向城外涌去，希望抢在海啸到来之前跑到城外的高山上。没料到，谣言同时也传到了日惹海滨居民的耳朵里，他们也马上拖家带口往心目中的高处跑。两股逃难的人流在日惹主干公路上迎头相撞，交通顿时彻底瘫痪，死亡人数迅速突破5 100人。现场一片混乱，局面濒临失控。印尼政府宣布国家进入紧急状态。6.2级地震并不十分强烈，尽管没有预报，但如果群众情绪稳定，政府处置得当，损失是可以降低的。特别是后续灾情，更是可以避免的。天灾造成的损失毕竟有限，种种原因引发的后续灾情尤其可怕。

资料来源：于彤．当灾难突然袭来．民防苑，2006（4）．

二、恐慌逃生行为的产生

（一）恐慌逃生行为产生的条件

一些研究者发现，受灾者的反应不一定会导致恐慌行为。夸兰泰利对数百个灾害案例进行分析后发现，只有少量灾害出现了恐慌行为，即便有这种行为，也是在极特殊的情景下才出现的。他认为，恐慌行为产生所应具备的条件是：①对何种灾害会造成恐慌行为有预先的认识，如大多数人相信在拥挤的剧院中发生火灾会导致恐慌行为；②缺乏经历灾害的同伴在场；③担忧可能存在的困境；④产生无助感；⑤产生社会隔离感或孤立无援感。他认为，恐慌逃生行为并非一种反社会行为，而是不遵守社会规范的行为，逃生者不顾往日的社会关系以及以往的群体行为模式，而只顾自己逃生。例如，当一名妇女在自己的房子被轰炸时，她不顾幼子独自逃了出去，等到确认自己的房子更为安全时才回家，这种行为就是恐慌逃生行为。但这种失范行为历时往往是短暂的，也与有秩序的疏散行为有显著区别。尽管灾害发生时疏散人群由于组织不力而常常混乱不堪，大家都在慌乱地逃跑，但是正常的社会规范和社会互动模式并没有完全失效。[①]

许多事实也证明，并非在任何灾害发生时民众都会产生非理性逃生行为。例如，在洪水即将来临时，由于灾害影响比较缓慢，所以人们不会出现恐慌奔窜的行为。尽管灾害的严重程度很高、有关部门采取强制性疏散措施，也会有一些民众没有及时撤出危险区域，这种情况在许多国家和地区都会出现。当热带风暴弗洛伦斯袭来时，仍有66%的居民没有离开家，只有17%的居民到政府准备的临时庇护所躲避。1954年，一个新英格兰城市接连遭受飓风的袭击，但每次仅有4%的受灾地区疏散民众。不仅是灾害应急管理部门，新闻媒体也常常过分地夸大民众在面对灾害时的非理性行为。1955年8月，因谣传大坝溃堤，纽约的杰维斯港（Port Jervis）出现居民恐慌逃生行为，新闻媒体报道说“大部分城市居民”约9 000人恐慌逃离，但后来的田野调查者发现，实际上逃离的人最多只有媒体所说的四分之一。因此，并非人们想象的那样，当灾害来临时，非理性逃生都会发生。[②]

（二）社会学家对恐慌逃生行为的解释

恐慌逃生行为被社会学家看作一种高度个人主义的不顾法律、道德规范和社会关系的本能行为，在所有类型灾害发生的过程中都是极少出现的。恐慌逃生行为一般会发生在个体感受到自己完全孤立无援且所有的社会规范和

---

① E. L. Quarantelli, Panic Behavior: Some Empirical Observations. In: Conway, D. J. (eds), *Human Response to Tall Buildings*, Stroudsburg: Sowden Hutchinson & Ross, Inc., 1977. 335 – 350.

② E. L. Quarantelli. Images of Withdrawal Behavior in Disasters: Some Basic Misconceptions. *Social Problems*. 1960 (8): 68 – 71.

措施都已经无法保证自身生命安全的时候，这时个体会出于本能而不择手段地采取自救措施。按照克拉克的解释，恐慌逃生行为是社会秩序的崩溃，这种崩溃是道德、网络和认知维度上的崩溃：道德的崩溃是指恐慌的个体已经完全受本能支配而不顾及对他人应有的职责和义务；网络的崩溃是指人们所能利用的各种应对灾害的网络资源已经失效；认知的崩溃是指灾害中的个体已经全然不顾自己以往与他人所形成的角色关系。[①] 但是在灾害中，以上三个维度的社会秩序崩溃从未发生过，这是因为即便是在极端恶劣的灾害环境下，大多数人仍然能够遵守社会规范。

（三）政府对恐慌逃生行为的认知与应对策略

鉴于民众在灾害面前可能出现的恐慌逃生行为，不少国家和地区的政府部门在发布灾害预警时总是十分小心谨慎。例如，美国某个城市的政府官员和所在州的警察均没有按照气象局和海岸警卫队的建议及时地疏散一个海滨休闲度假场所的人员，因为他们担心这样会引起人们恐慌逃生。尽管按照有关部门的预警，飓风将抵达该地区，而且如果飓风的强度真如气象局所预测的话，这一地区仅有的两条公路根本无法满足游客在飓风到达前顺利地逃生，但他们仍然愿意冒险。这样的例子还有很多。例如，在美国和墨西哥之间的里奥格兰德河（Rio Grande River）洪水泛滥期间，美国和墨西哥的地方政府总是有意地延缓发布灾害预警的时间，因为他们担心“过早”的预警会引起恐慌。1953 年在美国的伍斯特（Worcester）发生龙卷风之前，气象局没有提前发布消息，也是出于同样的考虑。1956 年，总吨位为 29 100 吨的意大利籍大型豪华客船“安德历亚 · 多里亚”号海难，船员因担心引发客船乘客的恐慌而没有及时发出警报。[②] 1956 年 7 月，载有旅客、船员共 1 706 人的“安德历亚 · 多里亚”号从欧洲驶往纽约，7 月 25 日 23 时 11 分在纽约港主进港航道以东约 180 海里处与瑞典籍货船“斯德哥尔摩”号碰撞。约 10 小时后，“安德历亚 · 多里亚”号沉没，导致 52 人死亡。[③]

里奥格兰德河洪水泛滥期间，社区的救援机构几乎完全无效，墨西哥彼

---

① Facing Hazards and Disasters. Understanding Human Dimensions. http：//www. nap. edu/catalog/11671. html.

② E. L. Quarantelli. Images of Withdrawal Behavior in Disasters：Some Basic Misconceptions. *Social Problems*，1960（8）：68 –71.

③ http：//www. garemaritime. com/features/andrea-doria/.

德拉斯·内格拉斯的 30 000 名受灾者中仅有 5% 能够得到机构组织的救援，而其他受灾者都是自行通过亲友网络的帮助撤离灾害地区的。而问卷调查表明，河的另一边，美国伊格尔帕斯 26% 的受灾者在疏散危险地区过程中由直系亲属提供帮助，20% 由其他亲戚提供帮助，50% 由朋友和邻居提供帮助。①

1979 年，美国宾夕法尼亚刚开始发生三里岛核泄漏事故时，应急管理机构的一些官员和政治领导人提示周边的居民没有必要恐慌。当疏散行动开始后，他们也建议先疏散学生、儿童和孕妇，其他市民可以自愿、分批、有序地疏散，他们还再次提醒，没有必要恐慌。后来处理三里岛事故的总统委员会才发现，由于担心非理性行为的出现，当地应急管理部门采取疏散行动确实太迟了一些。②

第二节　灾害中的犯罪行为

灾害发生后是否会引发更多的犯罪？关于这个问题学术界有一些争议，主要有三种观点：一是认为灾害发生会导致社会失范（anomie）③，一些从未违法犯罪的人员会参与抢劫或偷盗活动，同时该地区的犯罪率也会比平时大幅提高；二是认为灾害发生后犯罪率不仅不会上升，反而会下降；三是认为不同类型的灾害（如自然灾害和社会冲突事件），其犯罪行为会有不同的表现。下面，我们以历史上发生的灾害事件及其过程分别说明这三种观点。

第一种观点：灾害导致灾区犯罪率上升。这种观点认为，灾害发生后，抢劫、物价欺诈、违反交通规则、暴力犯罪等反社会行为和违法现象可能会增多。事实上，在美国无论是纸质传媒还是广播都会大肆报道已经发生的抢劫事件。我们可以从已经发生的灾害事件中找到相关的资料。

1989 年美国优果飓风（Hurricane Hugo）期间曾发生大规模的市民抢劫事件，甚至还发生过一些极端的事件。例如，曾有三名清扫工获准进入人员已

---

① E. L. Quarantelli. Images of Withdrawal Behavior in Disasters：Some Basic Misconceptions. *Social Problems*, 1960（8）：68 – 71.

② Henry W. Fischer, III. *Response to Disaster*：*Fact Versus Fiction & Its Perpetuation*：*The Sociology of Disaster*（2nd ed）. Lanham：University Press of America,® Inc., 1998. 13.

③ 社会学术语。社会失范字面意义为没有或失去社会规范。在社会学中，主要指人们对什么是适当的社会规范的理解存在着本质上的分歧。

经撤离的一些居民住所，但当他们从一扇打开的大门往里窥视时，被一名未曾撤走的户主误认为是窃贼而开枪射杀。飓风过后抢劫偷窃行为对当地居民的影响由此可见一斑。① 由于飓风对圣诺克斯（St. Croix）市造成了巨大的破坏，政府束手无策，而该市主要以旅游业为主，社会阶层分化非常明显，犯罪现象和腐败也很严重。面对缺乏救援的局面，抢劫被人们看作是“正义的”，一些执法人员甚至加入抢劫的队伍。②

卡特里娜飓风期间，由于飓风和洪水，人们都撤出了居住地，商人也撤出了自己的商铺，拜洛西和新奥尔良发生了多起抢劫事件。由于抢劫已经失控，单靠警察已经难以控制局面，政府只好派出了全副武装的国民警卫队。新奥尔良的运河路，是一条主要的商业大街，一些抢劫者摇摇晃晃地穿过很深的洪水，将一些商铺的铁门撬开或砸开，这些被劫的商铺大多是服装店和珠宝店。一名旁观者说：“实话对你说吧，对那些一直生活拮据的人来说，这是一个向社会索取财物的大好时机。”③

安德鲁飓风期间也发生了抢劫行为。这是美国历史上最强的飓风，发生在1992年的迈阿密。它制造了美国历史上其他任何自然灾害都无法比拟的悲惨景象。这场风速接近每小时150英里的飓风来势凶猛，速度惊人。飓风使得25万人无家可归、衣食无着，3.5万人到避难所暂时居住，130万人的居所房屋断电，2.5万多座房屋、几千英亩农作物被严重毁坏。灾区人民的生活被彻底毁掉了。在这种情况下，小偷和抢劫者开始将黑手伸向那些有现金和生活物品的人。很多人缺乏警觉意识，他们以为，飓风灾害已经让他们一贫如洗、生活陷入危机之中，怎么会有人趁火打劫呢？正是这种麻痹心理使罪犯屡次得手。许多案件为相隔一两个街区之外的“邻居”所为。据当地警察反映，抢劫者一般针对那些位于道路两旁的住户、交通便利的商店和沿街的购物中心；抢劫者既有年轻人也有老年人，甚至有拖家带口的，包括妇女。人们认为在灾害期间警察无法应对大规模抢劫或偷窃行为，因此胆子也大了

---

① Looting during Andrew，http：//members. aol. com/keninga/looting. htm.

② Quarantelli，E. L. Looting and Other Criminal Behavior in Hurricane Katrina：Atypical and Complex but Seen Before in Other Catastrophes. Newark，DE：University of Delaware Disaster Research Center. 转引自：National Research Council. *Facing Hazards and Disasters*：*Understanding Human Dimensions*. Washington，DC：The National Academies Press，2006. 133.

③ 新浪网．这里简直成了巴格达，美国飓风灾区抢劫失控．http：//news. sina. com. cn/w/2005 - 09 - 02/10406845629s. shtml.

起来，公然加入到抢劫队伍中。[①]

在另一种灾害类型——“社会冲突事件”当中，抢劫、偷盗、破坏公物等犯罪行为明显较多。因为社会冲突往往会导致社会秩序的混乱，而自然灾害发生后不一定会导致这种结果。社会秩序混乱表现为法制失控，人们不再遵守社会规范，甚至社会冲突发动者的目的就是要破坏既有的社会规范。1960 年和 1992 年美国的洛杉矶暴乱就是典型的例子。在这些暴乱事件中，人们公开、集体地抢劫，而且常常就在警察的面前抢劫或偷盗。抢劫货物、破坏商铺是这种社会暴乱式灾害的主要特点。新的社会规范在这个过程中形成，而这种社会规范与平日截然不同，它不是去鼓励人们遵纪守法，而是鼓励人们去践踏法律。[②]

持这种观点的灾害应急管理部门会采取相应的措施来制约这种社会失范行为，如美国的警察系统会特别重视灾害发生后去防范抢劫事件的发生。一般而言，那些要求返回灾害发生地的人会被拒绝，许多人不愿意按照政府的要求离开受灾地区，也是因为担心自己的财产被人抢劫一空。所以在美国，当发生飓风灾害，人们撤离后，许多在自己的房子外面用油漆书写这样的标语：“不可偷窃，否则格杀勿论!”[③]

第二种观点：灾害导致灾区犯罪率下降。这种观点认为，灾害发生后，人们一致应对灾害，从而形成了一股凝聚力，使社会整合程度得到提高，也使犯罪现象明显减少。他们引用了大量的资料数据来说明这个观点。

小资料

灾害中犯罪率下降?

1953 年，得克萨斯州的韦科（Waco）发生龙卷风灾害。尽管该城的珠宝店的玻璃橱窗都设在大街马路的两侧，但很少见到警察报告被抢劫或盗窃的情况。

---

① Looting during Andrew，http：//members. aol. com/keninga/looting. htm.

② National Research Council. *Facing Hazards and Disasters*：*Understanding Human Dimensions*. Washington，DC：The National Academies Press，2006. 133.

③ Henry W. Fischer，III. *Response to Disaster*：*Fact Versus Fiction & Its Perpetuation*：*The Sociology of Disaster*（2nd ed）. Lanham：University Press of America，® Inc.，1998. 19 – 20.

1965 年，新奥尔良发生飓风 Betsy。在发生飓风的一个月内，恶性犯罪率比上一年同期下降 26%，盗窃罪从去年同期的 617 起下降到 425 起，50 美元以上的偷窃从 303 起下降到 264 起，小于 50 美元的偷窃由 515 起下降到 366 起。

1988 年，得克萨斯州许多城市遭遇 Gilbert 飓风袭击。而这些城市的盗窃率均下降到正常水平之下，并且无一例洗劫案件。

1989 年，旧金山海湾区地震。整个海湾区只有很少的抢劫或偷窃行为，而且绝大多数发生在以往的犯罪高发地带。司法部门报告称在地震灾害期间犯罪率下降明显。

1995 年，俄克拉荷马市政大楼发生爆炸，全市的犯罪率总体下降。尽管爆炸的冲击波震坏了不少建筑的玻璃窗和大门，但没有发生一例偷盗案件。银行的大门和玻璃也被震坏了，工作人员由于紧急疏散而把许多现金放在柜台上，但事后发现，所有的现金均未被盗。

2001 年，世贸大楼被恐慌分子袭击，整个纽约市自“9·11”后至 2001 年年末犯罪率一直迅速下降。

资料来源：Erik Auf der Heide. Common Misconceptions about Disasters：Panic，the “Disaster Syndrome” and Looting. In：M. O'Leary（ed.）. *The First 72 Hours：A Community Approach to Disaster Preparedness.* Lincoln：iUniverse，Inc.，2004.

因此，持有这种观点的学者认为，尽管灾害发生后偷窃事件时有发生，但人们对这一现象的关注程度远远超出它实际的发生情况。许多人、财物等资源会投入到防范偷窃的工作当中，分散了救灾工作的重点。而事实上这些资源完全可以挪出大部分用于其他减灾工作方面。1985 年 9 月，飓风 Elena 袭击美国路易斯安那州等地，政府专门派出“国家防卫队”去防范偷窃行为，但因许多人无事可做，最后这批人大多数实际上是用于指挥交通和帮助清理灾后垃圾。①

① Henry W. Fischer，III. *Response to Disaster：Fact Versus Fiction & Its Perpetuation：The Sociology of Disaster*（2nd ed）. Lanham：University Press of America，® Inc.，1998. 19－20.

他们甚至认为，过分担心偷窃行为，有时会犯下大错。例如，2004 年 8 月，美国芝加哥某个大型商场（Paraguay supermarket）发生火灾。由于商场老板和 5 个保安担心会发生抢劫或偷窃行为，于是通过广播要求把火灾烧毁的货仓大门锁上，只留付费出口，以防有人趁逃生抱着货物不付钱走出门外，这个举动导致大量购物者被困在商场中，致使 464 人被烧死，400 多人被烧伤。①

持有这种观点的学者还进一步强调：对灾害后可能发生的抢劫行为的担忧也会导致负面的后果。例如，灾害发生后人们之所以总是不愿意疏散就是因为担心自己的财产被盗。所以一些机构或组织常常很关注防范灾后抢劫、盗窃活动的措施。其结果是，警察部门和维护社会治安的人员千方百计地设置路障，以防止抢劫者和偷窃者，但同时也给合法的灾害应急人员的工作带来许多不便。

小资料

灾害中防止偷窃是否重要？

1972 年，宾夕法尼亚州在热带风暴期间发生了洪水。清理洪水灾害垃圾持续了几周时间。但防卫队设置了一些路障，使得一部分持有医院工作人员出入卡的人也不能进出，为了到医院里取出必要的工具，医院的清洁卫生工作人员只好穿上实验室的专用外套以穿越路障。

1985 年，佛罗里达州的 Pinellas 县遭遇飓风 Elena。该县的 3 家医院和 19 名护士需要疏散 2 071 名病人，任务过于繁重，需要援助。但当志愿者和正在轮休的护士前往医院提供帮助时却在警察的检查点遭到阻拦。1985 年，加拿大 Barrie，Ontario 发生龙卷风。警察的路障设置得非常迅速，以至于一些医务人员没办法进入医院。

2001 年，纽约世贸大楼遭到恐怖分子袭击。当医院将病情已经稳定的伤员转移到附近的伤情观察点并把伤愈的人员运送出去（或由其家人领回）时，均遭到警察安检设施的阻拦。他们还阻止医院从外面往里运送医疗物资，同时禁止他们认为“没有必要”的医务人员（如勤杂人员）进入。

① Chicago Tribune. Paraguay Market Owner Charged. *Debora Rey*. 2004 (4): 9.

因此，在灾害发生后，对于警察而言，最需要做的并不是防止抢劫、盗窃的问题，而是维护交通秩序，以确保应急部门的工作人员顺利进入出事地点和伤病员进入医院接受救治。执法人员也应加入救援的队伍。警察的出现反而会强化居民对自己财物被洗劫的担忧，所以更多的警察应该投入到交通秩序的维护和其他应急事务当中，而不是去防范和处理财产被偷窃的问题。

资料来源：Erik Auf der Heide. Common Misconceptions about Disasters：Panic，the“Disaster Syndrome”and Looting. In：M. O'Leary（ed.）. *The First 72 Hours：A Community Approach to Disaster Preparedness*. Lincoln：iUniverse，Inc.，2004.

第三种观点：不同类型的灾害情景下，犯罪行为的表现不同。关于因公共危机（主要包括自然灾害和社会动乱等）而引发的抢劫与偷盗问题，夸兰泰利和代尼在 1970 年发表的一篇论文中有另一种解释。他们认为，公共危机所引发的偷盗行为不应被看作一种个人的行为，而应看作一种集体的行为；不应视作一种越轨行为，而应视作一种从众行为；不应视作社会控制的问题，而应视作社会变迁的问题。他们还认为，公共危机主要有两种类型，一是可导致社会凝聚的危机（consensus crises），二是可导致社会分离的危机（dissensus crises）。相应地，自然灾害就是一种可导致社会凝聚的危机，而社会动乱则是可导致社会分离的危机。因此，这两位作者认为，在这两种不同的公共危机情景下，抢劫与偷盗行为的表现是截然不同的。①

实例解读

不同类型的灾害中抢劫、偷盗行为的差异

在社会动乱时抢劫、偷盗行为非常普遍，而在自然灾害时则非常少见。之所以说前者非常普遍主要有三个方面的原因：一是无论社会动乱的规模和程度如何，几乎所有的社会动乱期间均会发生抢劫、偷盗行为；

① E. L. Quarantelli and Russell R. Dynes. Property Norms and Looting：Their Patterns in Community Crisis. *Phylon*，1970（31）：168－182.

二是在社会动乱期间，抢劫或偷盗者来自社会的各个阶层和群体，男女老幼、黑人或白人、中产阶级或下层阶级的人都有参加；三是从相关学者的研究文献中的数据资料可以发现，在较大规模的社会动乱发生之时，黑人社区中有五分之一以上的居民参与了抢劫与偷盗。而在自然灾害发生之时，抢劫与偷盗的人数则非常之少。而且，在社会动乱发生期间，抢劫与偷盗者通常是当地居民，美国在发生社会动乱时期，妇女参与抢劫与偷盗的比例也是相当高的。而在自然灾害发生期间，抢劫与偷盗者主要是外地人。

社会动乱时期发生的抢劫与偷盗行为具有鲜明的集体性，抢劫与偷盗者往往成双成对，或一个家庭、一个小群体组成一组。而在自然灾害期间的抢劫与偷盗者则一般是单枪匹马的。另外，社会动乱中发生抢劫与偷盗行为一般是有意识地选择目标，杂货店、家具店、服装店和酒店等往往是这类抢劫与偷盗者的目标。在美国的纽瓦克市，这类目标占被抢劫与偷盗的49%，在瓦茨市则占绝大多数。而其他部门如工厂、办公室、学校和私宅则无人惊扰。在美国首都华盛顿，一家拥有50个连锁商店的公司有19个商店被洗劫，而隔壁另一家公司的商店却都安然无恙。可见，社会动乱中的抢劫与偷盗行为具有明显的选择性。但在自然灾害发生期间，抢劫与偷盗行为则具有条件性的特点，也就是抢劫与偷盗者往往是根据抢劫与偷盗的便利性来选择目标的，如他们常常选择那些没有关好门的住所、沿街的商店铺面等进行偷盗。

在社会动乱中，抢劫与偷盗是公开的，财物在众目睽睽之下被抢劫和被偷，旁观者置若罔闻，甚至加入抢劫与偷盗者的行列。在美国，甚至有警察也加入其中。这与自然灾害中的情景形成鲜明对比。自然灾害发生时的抢劫与偷盗行为往往是偷偷摸摸的，尽可能不让他人知道。社会动乱期间，那种在光天化日之下公开劫掠沿街商店铺面的情景在自然灾害（如飓风、地震等）发生后是不常出现的。而且，在自然灾害中的抢劫与偷盗行为会受到人们强烈的谴责，而在社会动乱时，这种行为无论是在抢劫与偷盗发生之时或之后都很少受到当地社区的惩罚。事实上，在美国发生社会动乱期间，抢劫与偷盗现象迅速蔓延以至难以控制，其行为能够得到当地居民的广泛支持。这种思想被称作“狂欢精神”并不被人们看作无政府主义，说明社会动乱期间的抢劫与偷盗行为获得了当地居民公开的集体支持。不少相关的研究文献表明，在社会动乱发生之后，大部分黑人认为这种动乱是“正义的”，有助于给社会带来一些改变。相反，自然灾害期间发生的抢劫与偷盗行为则被视作严重的犯罪，人们用最严厉的语言予以谴责，这种行为从来就不被看作正义的行为。

资料来源：Erik Auf der Heide. Common Misconceptions about Disasters：Panic，the “Disaster Syndrome” and Looting. In：M. O'Leary（ed.）. *The First 72 Hours*：*A Community Approach to Disaster Preparedness*. Lincoln：iUniverse，Inc.，2004.

第三节　灾害中救援秩序的维持

许多研究表明，灾害发生后人们的亲社会行为（pro-social behavior）会广泛出现，受灾地区的民众更加关心他人并努力促进社区正常生活的恢复。这种亲社会行为主要表现为助人行为（helping behavior），其形式多样，如自发地、非正式地对受灾者施予帮助，或者参与正式的应急救援组织等①。但由于灾害事件的突发性和人们参与救援的自发性，难免在一定程度上或一定时间内造成灾害救援活动的无序化。因此，灾后救援秩序的维持问题也是社会学家关注的重要问题。

一、灾后自发性救援行为

人们一般会认为，大多数灾区居民都会出现所谓的“灾害震慑”（disaster shock）或“灾害综合征”（disaster syndrome），即受到灾害的突然打击（如观察到房屋倒塌、人员伤亡的惨状而受到惊吓）从而变得行动迟缓、精神委靡，无力对身边的受灾者施救并渴望外界提供救援。对于普通大众对灾害发生后灾区居民反应的认知，不少研究者作出了回应。相关的研究文献说明，灾区

① National Research Council. *Facing Hazards and Disasters*：*Understanding Human Dimensions*. Washington，DC：The National Academies Press，2006. 135.

居民在灾害发生后的“灾害综合征”只是短暂的，事实表明他们很快就积极投身于自救与营救当中。海德（Erik Auf der Heide，2004）通过对美国一些灾害事件过程的分析，认为灾区的幸存者会积极参与对受灾者的搜寻与抢救工作。他发现，在过去数十年的灾害中，灾害发生后最早提供避难地点、食物的人一般是灾害的幸存者们，提供安抚、投入营救、转移伤员到医院的人也是他们。在灾害发生地进行搜寻和营救非常重要，而这些工作绝大部分并非由训练有素的应急管理机构工作人员来完成，恰恰是由其家庭成员、朋友、邻居、同事和其他素不相识的在现场或靠近现场的人来完成的。灾区的幸存者普遍积极参与灾害伤亡人员的运送工作。

社会学家对灾后自发性救援行为常常给予肯定的评价，认为相对于正式的灾后救援渠道而言，受灾现场的民众对灾害的应急反应要迅速得多，所以他们是灾害现场的“第一反应人”。

小资料

灾害中的自救与救援

1976年，中国唐山大地震。这次地震被称为20世纪和平时期的最大灾难，死亡将近25万人。调查报告称在地震发生后20万~30万人采取了自救，而受灾者中80%是其他受灾者营救的。

1992年，墨西哥城Guadalajara发生天然气爆炸事故，研究人员访问了43名曾经被活埋的受灾者，他们全部是被亲戚、邻居和其他附近的居民在2小时内营救出来的。专业的搜寻队伍来得太晚，所以起不了什么作用，他们找到的受灾者大部分已经死了。

1995年，美国俄克拉荷马市联邦大楼发生爆炸。数百名在街区工作的市民迅速赶到出事地点，许多人进入大楼实施营救。在开始的一个半小时里，无数的市民和营救人员进入大楼或围在大楼外面，千方百计想参加营救行动。仅有36%的伤亡人员由医院的救护车运送，其他则由行李车和私人小轿车运送。

1995年，日本东京地铁被神经毒气攻击，离事发地点最近的一家医院St. Luke’s International，仅有7%的伤亡人员由救护车运送至医院，12.9%由消防警察的非救护车运送，1.4%由警察的车辆运送，24.1%由出租车运送，34.9%为步行。

> 2001 年，纽约世界贸易大楼受到恐怖分子袭击，仅有 6.8% 的伤员由救护车运送至医院，而大部分人则通过其他途径被运送。
>
> 资料来源：Erik Auf der Heide. Common Misconceptions about Disasters：Panic，the "Disaster Syndrome" and Looting. In：M. O'Leary（ed.）. *The First 72 Hours*：*A Community Approach to Disaster Preparedness.* Lincoln：iUniverse，Inc.，2004.

对于助人行为普遍产生的原因主要有两种解释。一是"社会网络的解释"，即认为灾后助人行为的自发产生并非仅仅是因为人们具有高尚的道德情操，而且是因为社会中的每一个人都不是孤立的，当灾害对某人造成伤害时，这个受害者将得到其所处的社会关系网络的帮助。如社会关系网络中的亲戚朋友、邻居等会在第一时间给他们提供援助，而这些人也是受害者的最佳援助人，他们往往会竭尽全力去营救自己的亲朋好友。二是"社会角色的解释"，即认为助人行为从多个方面反映了人们平时所扮演的社会角色以及所承担的责任，换言之，人们只有在灾后给他人提供应有的援助，才符合平日人们对他的社会角色的期待。[①] 否则，这个人的社会角色扮演就不能得到人们的赞许。人们的"角色责任"（role obligations）会对其行为产生约束，这种约束在不同的社会网络中所产生的作用是不一样的，如对于首属群体（primary group，如家庭、朋友圈等）成员，其约束力很大，而对于次属群体（secondary group，如公司里的同事）其约束力相对小一些。[②]

灾害发生后，非官方的援助行为者往往以"应急群体"（emergent groups）的形式出现，这些应急群体会参与各种形式的灾害救援工作，如扛沙袋堵洪水、搜寻伤亡人员、提供基本生活必需品、灾后清洁卫生等。这种应急群体的出现既是出于利他主义的规范力量，也是出于人们认识到受灾者的需求没有获得满足（如官方援助不足）。

① National Research Council. *Facing Hazards and Disasters*：*Understanding Human Dimensions.* Washington，DC：The National Academies Press，2006. 137.

② W. E. Feinberg and N. R. Johnson. The Ties That Bind：A Macro-level Approach to Panic. *International Journal of Mass Emergencies and Disasters*，2001，Vol. 19，No. 3：269 – 295.

二、自发性救援行为的引导与管理

在西方一些国家，志愿者在灾害救助中发挥作用已有很长一段历史。当灾害发生时，来自社会各地的宗教团体、慈善机构所组织的志愿者队伍会自动涌现出来。他们分担了大量政府应急管理机构的任务。当然，也有相当多的志愿者是在政府、媒体和社会各界的号召下加入志愿者队伍的。许多应急志愿者群体的援助确实是相当有效的，但有时也被官方的应急管理机构看作多余的、有干扰性的。如2001年世贸大楼爆炸时，许多应急群体提供各式各样的帮助，他们中有一些加入了官方应急救援队伍中，而另一些则被官方机构贴上了“流氓志愿者”（rogue volunteers）的标签，成为不受正式救援机构欢迎的自发队伍。①

灾害发生后，捐献行为可能会大量涌现。捐献物包括食物、衣物、药品、医疗器械等相关的物资。另一个捐献行为则是献血。由于社会大众捐献物资时一般会缺少计划性，因此，有时某些物资会超出灾民的需要，而另一些则明显不足。在美国，献血行为一直比较踊跃。1985年，美国达拉斯发生空难，当地的广播站呼吁人们献血，结果491名献血者出现在帕克兰纪念医院，造成拥堵。

灾后自发参与救援的志愿者大量出现，确实给应急管理带来了难题，也会给受灾社区增加压力。这种压力往往表现在：大量人员拥堵在灾害现场，有时许多自发参与救援的志愿者争相加入，超出了实际的需求；大量的捐献物资派不上用场，这是因为捐赠物是出于民众自愿捐献的，本来就缺乏计划和组织，从而导致许多物资超出实际需求。相关管理机构的管理不善，如缺乏与公众的沟通和对自发性救援群体的组织管理，也是自发性救援活动无序的一个重要原因。

这种自发组织的助人行为的普遍出现也反映了应急管理实践的一个重大问题，亦即公共应急管理体系对灾害现场民众和志愿者的角色缺乏充分的认识，没有将这些社会力量有效地整合到应急管理工作之中，从而发挥其应有的作用。

---

① National Research Council. *Facing Hazards and Disasters*: *Understanding Human Dimensions*. Washington, DC: The National Academies Press, 2006. 136.

实例解读

捐赠物资的有效管理

2009年10月下旬，记者在北京小汤山“非典”定点医院采访时偶然发现，那里的临时库房里依然堆积着“非典”时期剩余的大量医用物资和药品，它们距今已经超过6年，早已过期或失效。

北京市慈善协会有关负责人非常惋惜地表示：“这些药品在‘非典’时期没有发挥应有的作用，‘非典’过后又‘束之高阁’，直至过期或失效，造成不必要的浪费与损失，着实令人可惜。”若仔细想想，这些药品的浪费仅仅是可惜吗?

在笔者看来，捐赠物资出现浪费同样是对并不成熟的慈善文化和社会氛围的无形伤害，也是对公众慈善热情与爱心的“过度消费”。我们知道，一个缺乏对弱者关爱的社会，不可能有真正意义上的慈善事业；一个缺乏善爱之心的社会成员，也不会真正无偿地向慈善机构或社会脆弱成员捐献。而慈善理念的基石是最基本的同情心。所谓最基本的同情心是指人们对他人的疾病痛苦、身体残疾、生活困境甚至生命危机等应有的关注，体现为对同类的最基本的怜悯。但是，捐赠物资出现浪费，在笔者看来，却有可能造成对公众慈善情怀的戕害，甚至让爱心“夭折”。这是我们不能不正视的严肃问题。

面对“我们也希望所给的物资能够确确实实地让老百姓受益，否则的话，社会捐赠就失去了意义”的慈善人士话语，我们有必要探究原因出在何处。当下的法律只是针对民政部门和慈善机构捐赠前期的接收、管理和分配拨付三个环节作了法律规范，而如何规范受赠单位或个人使用与管理各类“捐赠”，避免各种浪费依然是个盲区。

事实上，在公共突发事件中社会捐赠款物的使用与管理上，我们在一些环节上确实存在着经验不足和管理混乱等现象，不仅个别受赠单位有浪费问题，一些捐赠单位或个人也存在浪费现象。因此，捐赠物资出现浪费对慈善事业来说，不是小事情，除了要向公众进行必要的说明外，寻找制度化的解决之道，恐怕才是根本。

不容否认，现在的公众慈善面临着双重困境：一方面，是公众慈善之心有可能被过度开发；另一方面，公众的慈善之心还有可能被利用。

如何消除这种困境已经成为摆在所有人面前的重大课题，而捐赠物资出现浪费恐怕同样有对公众慈善之心“过度消费”的嫌疑。

事实上，慈善的真正力量和主体不是富翁，不是公司，而是普通公众。以美国为例，在美国所有慈善捐款中，约85%的捐款来自普通百姓，约10%的捐款来自公司企业，另5%来自大型基金会。以1992年为例，收入在10万美元以上的家庭，他们的捐款比例为2.2%；而收入在1万美元以下的家庭，他们捐出收入的5.2%。这是因为低收入的人更接近社会底层，更了解那些需要帮助的人的需求。因此，对我们来说，如何消解捐赠物资出现浪费背后的慈善之心“过度消费”就是一种必要，否则，将使慈善事业陷入尴尬境地——不但不能激发公众的慈善之心，反而可能让公众的慈善热情慢慢减退。

资料来源：朱四倍．“慈善浪费”是对爱心的“过度消费”．辽宁晚报，2009-11-19.

本章学习要点

在自然灾害和人为灾害发生的过程中，人类行为反应具有某些不容忽视的特点。在灾害发生的过程中，人类常常出现非理性行为。历史上的许多经验证明，在突发性灾害事件发生时，人们的恐慌逃生往往会导致危害更为严重的“次生性灾害”，因此了解人们在灾害中的行为模式才能更好地应对灾害的袭击。

国内外发生的一些典型灾害事件说明，在灾害过程中有可能发生趁灾偷窃等行为，而自发性救援行为往往存在一定的无序性，需要加以管理。

关键术语

恐慌逃生　犯罪行为　自发性救援行为　社会秩序

补充读物

National Research Council. *Facing Hazards and Disasters: Understanding Human Dimensions*. Washington, DC: The National Academies Press, 2006.

思考题

1. 灾害中人们恐慌逃生行为可能产生什么后果？请搜集更多资料说明自己的观点。

2. 灾害发生后犯罪率是否会提高？请查阅相关文献资料说明自己的观点。

3. 自发性救援行为有何利弊？请查阅相关文献资料说明自己的观点。

第五章　社会组织与灾害

本章概述

根据社会组织在灾害中的角色和承担的不同社会责任，将参与灾害救助的社会组织分为政府组织、非政府组织（NGO）以及营利型组织（企业），分别阐述这三类组织在灾害中的行为动机以及在灾害事件不同阶段中的功能。

社会组织（social organization），通常简称为组织。1873 年，斯宾塞首次将“组织”引入社会科学领域，他在提出“社会有机体”概念的同时，把“组织”看作已经组合的系统或社会。[①] 社会组织的概念存在广义和狭义之分，广义的组织是指一切人类活动结成的群体，包括家庭一类的初级群体；狭义的组织概念（组织研究中所采纳的概念）则专指相对于初级群体的正式社会组织，也称为次级群体（secondly group）。

布劳和斯格特按照组织的受益者与功能把组织分为四类：一是互惠组织。这类组织的目标是使组织成员都受益，包括工会、教会、俱乐部等。二是服务组织。这类组织以提供服务为主，组织的目标是使组织以外的与组织有接触的特定人受益，不以营利为目的，如医院、学校等。三是经营性组织。这类组织以营利作为组织活动的最终目标，包括公司、工厂、零售商店等。四是公益性组织。这类组织的受益者不仅包括与组织有直接接触的人，还包括更大范围内的社会大众。这类组织不以营利为目标，能够维护社会的公平和公正，并且具有一定的行政能力，政府机构、科研机构、邮局等都属于公益

① 朱国云．组织理论：历史与流派．南京：南京大学出版社，1997. 2.

组织。①

帕森斯按照组织的功能和目标把组织分为四类：一是经济生产组织，这类组织的典型是实业公司；二是政治目标组织，致力于实现有价值的目标，形成和部署社会的权力，这类组织主要包括政府机关，还有其他组织如银行、社团；三是整合组织，旨在实现社会的整合目标，这类组织包括政党、法庭和其他具有法律职业功能的实体、"利益群体"等；四是模式维持组织，主要指那些具有"文化"、"教育"和"揭示"功能的组织，如教会、学校、研究机构、艺术表演单位等。②

我们根据社会组织在灾害中的角色以及承担的不同社会责任，将参与灾害救助的社会组织分为政府组织、非政府组织（NGO）和营利型组织（企业）三种类型。下面分别介绍这三类社会组织在灾前阶段、灾害影响阶段以及恢复与重建阶段的行为和作用。

第一节　政府在灾害中的角色

政府作为公共权力机构，拥有统治和管理社会的职能，这就决定了政府是参与灾害救助的主体。人类社会发展至今，仍然未能十分有效地抵御各类灾害的袭击和破坏，普通的灾害救助者，如个人、家庭、社会群体等都不能完全承担灾害救助责任以及救助失败或导致损失所可能带来的风险代价，政府是所有社会力量中相对最能承担灾害救助的责任和风险的主体。对政府而言，社会的稳定和发展是政权得以巩固的条件，社会稳定为社会发展提供了可能性环境。③

灾害造成人员伤亡和物质设施的巨大损毁，并使社会或者社会内部自给自足的部分处于极度危险的状态，甚至可能导致社会结构的崩溃，无法履行所有功能或部分功能。④ 灾害有时会使社会处于不稳定的状态，并可能导致社

① W. 理查德·斯格特. 组织理论：理性、自然和开放系统. 黄洋等译. 北京：华夏出版社，2002. 149.

② 罗戴特·拉法耶. 组织社会学. 安延译. 北京：社会科学文献出版社，2000. 25～28.

③ 浙江省民政厅减灾课题组. 略论灾害救助中的政府行为. 灾害学，1993（4）.

④ Charles E. Fritz. Disaster. In：Robert K. Merton and Robert A. Nisbet（eds.）. *Contemporary Social Problems*. New York：Harcourt，1961. 655.

会动乱。据记载，在中国的2 000多年的历史中发生过1 600多次大水灾、1 300多次大旱灾和800多次破坏性大地震，这些灾害导致在这一时期发生了超过3 300次的大小战乱。如在新莽时期（9—23年），大旱、大风、地震、洪水、大寒以及蝗灾等自然灾害共发生了21次，这样巨大的“天灾”加上“王莽新政”这样严重的“人祸”最终导致了新莽末年社会剧烈动荡，新莽王朝也被以“赤眉”、“绿林”为主导的大规模农民起义所推翻。[①] 当然，灾害的发生也并不必然地导致社会动乱，但灾害对社会稳定产生影响却是毋庸置疑的。所以政府必须承担起灾害救助的责任，以避免受灾地区因灾致贫或个体性因灾致贫而可能导致的社会不稳定乃至政权不稳定。从这个意义上说，政府的灾害救助行为具有明显的政治性。

一、政府在灾害各阶段的角色和作用

社会学家中最早使用“角色”这一概念的是乔治·赫伯特·米德，他首次把角色概念引入社会心理学领域，用来分析个人在不同情境中的行为方式。1936年，美国人类学家林顿在其所著的《人的研究》一书中正式将“社会角色”这一概念用于研究社会。林顿认为：“地位不同于可以占据它的个体，它只不过是权利和义务的集合……角色体现了地位动态的一面。个体被社会性地置于某一地位，并通过与其他地位的关系实现对他的占据。当他运营构成地位的权力与义务的时候，他就是在扮演角色。”[②]

国内学者对社会角色的概念也作了比较多的探讨，例如，郑杭生教授等认为：社会角色是指与人们的某种地位、身份相一致的一整套权利、义务的规范和行为模式，它是人们对具有特定身份的人的行为期望，是构成群体或组织的基础。[③]

简单地说，社会角色就是各个主体在社会关系中所处的位置。角色的不同多数是由于社会分工或在社会关系中所处的位置不同所造成的，扮演不同社会角色的人或组织承担着不同的社会责任。社会组织的角色不同或所处的社会关系的位置不同，所从事的工作也就存在差异，承担的社会义务和责任

---

① 曾磊．自然灾害与新莽时期的社会动荡．河北学刊，2010（3）．

② 特纳．社会学理论的结构（下）．邱泽奇等译．北京：华夏出版社，2001. 10.

③ 郑杭生．社会学概论新修．北京：中国人民大学出版社，2003. 107.

也就不同。在灾害面前，各类社会组织扮演的角色就不同，政府在灾害各阶段中扮演的是法令的制定者、信息的提供者、组织者、执行者、指挥者和支持者等角色，而在灾害发生的不同阶段，政府扮演的角色又有差别。

（一）灾前阶段

这一阶段是人们制订计划并采取必要的灾害防范措施的阶段，此时灾害具有隐蔽性和不定性的特点，灾害难以把握，因此这一阶段对政府的灾害防范能力是一个极大的考验。所以在这一阶段政府首先应当是灾害应急政策的制定者即法令的制定者，政府的作用是建立灾害预警制度、编制应急预案，以便为下一阶段的应急处理提供决策依据和可行性计划。灾害一触即发，若不在灾前阶段做好防范灾害的制度方案，那么就没有办法在灾害发生的第一时间作出应对灾害的反应，将灾害造成的损失降到最低。2003 年，在美国东北部和中西部一些地区发生该国历史上最大规模的断电，数千万人的工作和生活被打乱，但事故却没有引发连锁灾难。专家认为这主要得益于美国经过多年努力建设成的一套成熟、严密的应急体系和危机管理预案。其次，政府应当是对灾害进行科学准确预测、即时发布相关信息的信息提供者。有些自然灾害是可以预测的，政府通过气象等专业部门获取有关灾害的资料数据，用于对各种自然灾害的分析、判断、预报、统计科研，同时根据监测情况，结合灾害发生的历史规律进行综合分析，对灾害爆发的可能性、强度、范围作出评估，并将评估结果即时告知社会公众，组织社会公众做好防范灾害的准备。如果在能够预测的灾害发生前，政府没有即时作出预测，其责任是无法推卸的。如气象灾害是能够在灾害发生前进行预测的，而 1987 年发生在得克萨斯州南部萨拉戈萨地区的飓风，政府却没有在飓风来临之前进行预警，导致 26 人死亡，121 人受伤。[①] 最后，政府是培养公众灾害意识的组织者。在面对各类灾害时，公众可能缺乏对灾害的正确、积极的认知，存在着盲目、恐慌等心理，缺乏基本的自救技能，甚至在灾害预警后出现不相信和不愿撤离的现象，这些情形多说明了社会公众防灾意识的淡薄。公众灾害意识淡薄，不仅不利于灾害影响阶段的救援工作的开展，更可能导致灾害后果的扩大。所以政府必须组织公众培养自己的灾害意识。政府可以通过加强培训与宣传、

① Aguirre and Benigno, The Lack of Warnings before the Saragossa Tornado. *International Journal of Mass Emergencies and Disasters*, 1988, Vol. 6, No. 1.

设立危机纪念日和模拟演习等方式提高公众的灾害意识和应对灾害的能力。

（二）灾害影响阶段

灾害影响阶段也就是灾害的爆发阶段，这一阶段往往是短暂的，也是最危险的。这一阶段要求政府迅速作出反应，抢救受害人员和挽救财产，控制灾害，将灾害造成的损失降到最低限度。在这一阶段，政府首先应该是灾害应急预案的执行者，它的作用是迅速启动应急预案，在最短的时间里作出最有效的决策。应急中的决策者应当在灾害信息调查和准确的灾害预测的基础上迅速反应，作出决策、稳定秩序并按照应急预案的部署安排工作。其次，政府应当是应对灾害的指挥者。政府应该协调有关部门，统一指挥应对灾害。迅速组织有关部门进行救灾工作，划拨专项资金，调配人员，明确有关部门和人员的职责，如搜救、医疗、提供食物和住宿等都需要不同部门来进行。同时还要指挥调动社会力量和组织实施全民动员，鼓励社会组织和公民参与救灾，积极应对灾害。再次，政府还应根据灾害可能造成的损害对有可能影响灾害发展的各种因素如交通等进行强有力的干预和控制。最后，政府在灾害爆发后应是最新灾害信息的提供者，向媒体提供真实的受灾信息，并引导媒体消除社会对灾害的恐惧心理，树立公众战胜灾害的信心。

（三）恢复和重建阶段

相对于灾害影响阶段的短促来说，恢复和重建阶段的长短决定于灾害的影响程度和社会应对能力的大小，许多受灾害影响的地区往往要经历很长的时间才能恢复正常状态。这一阶段灾害虽然已经结束，但是对受灾地区的更深层次的影响才刚刚开始。这一时期受灾地区的灾民会出现很多心理和生理上的不良反应，所以在这一阶段如果处理不善，将导致新的危机，最终影响灾后重建的进程。因此政府应当高度重视这一阶段的工作。在这一阶段，政府应当是法令的制定者，虽然在灾前阶段政府制定了比较完善的应急预案，但由于灾害发生后的影响和结果的不同，因此政府应根据受灾情况制定相关的灾后重建的法律或制度，保障灾民得到救助的权益，以帮助灾民重建家园。如制定无偿援助或无息贷款的政策，帮助灾民进行生产自救。灾后恢复和重建可能是一个漫长的过程，这一时期政府应当更多地依靠来自民间的力量，成为民间力量的支持者。在这一阶段，政府应当意识到民间资源的重要性，在所有的计划或政策中，都强调要整合民间资源，政府此时应支持民间资源参与到灾区的重建中，形成一种政府主导、民间参与的模式。

二、一些国家的政府灾害救助体系

随着全球化、现代化的发展，各种重大灾害事件频频出现，严重威胁着人类安全和社会稳定，已经成为国际社会关注的焦点。联合国在经历了“国际减灾十年（1990—2000）”大规模活动之后，全球已有170多个国家建立了国家减灾委员会，并确定了在21世纪继续实施“国际减灾战略”。在此背景下，世界各国尤其是发达国家不约而同地指向这一目标：为构建公共安全网搭建起应急管理体系支撑平台。全球防灾减灾任务是减轻自然、人为和技术性灾害，面对各种各样的突发灾害，世界主要国家都建立起了一套行之有效的应对灾害的管理措施及应对策略，但侧重点不同。

（一）美国的灾害救助体系

美国采取的是自下而上的联邦救灾机制，美国应急管理署（FEMA）隶属于美国国土安全部，是对突发灾害事件进行协调指挥的联邦领导机构。美国的救灾应对机制主要是从下而上进行。灾害发生后的第一应对措施主要由当地政府负责、该地社区组织和志愿者组织参与实施。如果灾害规模较大，则向州政府求救，之后州政府调集国民卫队、动用州政府资源应对。同时对受灾情况进行评估，进而对受灾损失和灾后恢复所需援助进行认定。最后根据受灾情况，州长要求总统宣布“重大灾害声明”，担保将州政府的基金和资源投入到长期重建工作中。如果地方遭到重大灾害，需要向联邦政府申请援助时，首先州政府进行申报，由总统决定是否提供联邦救援。救援前提是灾害明显且灾害影响超过州政府或地方政府的应对能力。所需资金主要来自美国应急管理署管理的总统赈灾基金以及参与灾难救援计划的其他联邦机构。当申请得到总统的审批后，FEMA立即组织抗灾人员奔赴受灾现场，协调救灾行动。联邦援助主要有两类：一种是公共援助，主要用于受灾地区的基础设施重建的资金援助；另一种是个人援助，主要用于为受灾人群提供各类援助，如临时住所、房屋修葺费用、个人低息贷款、中小生意援助计划等。①

总体而言，在美国的联邦体制下，州和地方政府具有较强的自治能力。

---

① 陈浩．美国的救灾应对程序与NGO的力量．中国减灾，2008（8）．

在灾害救助过程中，联邦政府实际上只是扮演支持者的角色。灾害发生后，州和地方政府作为主要响应者采取各项行动应对灾害，只有在其能力不足的情况下才会向联邦政府发出请求，联邦政府才调动国家资源出面参与灾害救助。如美国的军队，在没有收到州和地方政府的请求时不能进入受灾地区。只有接到请求后，军队才能出动。而在救灾过程中，军队也是由地方政府指挥，充分体现了州和地方政府的自治性。①

（二）日本的灾害救助体系

日本实行的是一种多层次的灾害救助体系，日本政府从国家公共安全的各个方面，建立了以内阁首相为灾害应急管理最高指挥官的应急管理体系，负责全国的灾害应急管理。日本的应急管理体制通过安全保障会议、内阁会议、中央防灾会议制定决策，日本防卫厅、警察厅、海上保安厅、消防厅等省厅全面配合。日本政府还在首相官邸的地下一层建立了全国应急管理中心，以应对包括战争在内的多灾种、多风险，在其他有关政府部门则设有负责应急管理的处室。一旦发生突发灾害事件，一般内阁会议决议成立对策本部。如果发生比较重大的突发灾害事件，首相亲任本部部长，担任总指挥。在日本的灾害应急管理体系中，政府根据不同的时间类别，启动不同的应急管理部门。如在自然灾害的应急管理中，中央防灾会议作用凸显。以首相为主席的中央防灾会议负责应对全国的自然灾害，其成员除首相和负责防灾的国土交通大臣之外，还有其他内阁成员及公共机构的负责人等。政府还设立了紧急召集对策小组，以防止发生大规模自然灾害时指挥人员不到岗，出现混乱的局面。一旦发生重大灾害，除了日本自卫队可以投入救援外，日本各都道府县警察总部都设有紧急救援队，各市、町、村也设有消防总部和消防团。②

日本灾害应急管理机制最突出的特点有三个：首先是健全的灾害应急管理法制。在日本，从灾害的预测到灾害的准备、从救灾活动到灾后重建都有相应的法律法规，使与防灾减灾有关的一切活动都可以根据法律的规定按部就班地进行，为制定灾害对策和应急措施提供了有力的法律保障。其次是制度化的科研教育及培训保障。日本非常重视现代科技在防灾减灾中的应用，如国家防灾研究所每年投入上百亿日元的经费，积极利用遥感遥测技术提高

① 吴亮福．美国地方政府管理中的应急系统及其运作．政治学研究，2004（1）．

② 唐立红，高帆．日美德政府自然灾害危机管理经验与启示．求索，2010（2）．

灾害气候的监测预警水平，经常或定期开展各种形式的防范灾难训练等。最后是完善的财政金融保障措施。日本政府将灾害应急管理经费纳入国家预算体系，建立应急基金，有稳定的资金保障。

三、中国的灾害救助体系

中国的灾害应急管理体系是在2003年“非典”之后才开始趋向完善的。目前中国实行的是“分灾种，分部门”的灾害应急管理模式。在中国，灾害被称为“突发公共事件”，根据公共事件性质的不同又分为自然灾害类、事故灾难类、公共卫生事件类和社会安全事件类。对各类公共事件，以不同的法律法规和应急预案为保障，由不同的政府组织负责。对于同一类灾害也可以再细分为不同的类型由不同的部门管理。如自然灾害又可以再细分为洪灾、地震、旱灾、特大森林火灾等，参与灾害应急的部门有民政部、水利部、国土资源部、国家地震局、国家林业局等。根据事件的严重程度还可将各类公共事件分为四个等级，发生Ⅰ级或Ⅱ级突发公共事件时需在4小时内报告国务院，国务院是突发公共事件应急管理工作的最高行政领导机构，在国务院总理的领导下，由国务院常务会议和国家相关突发公共事件应急指挥机构负责突发公共事件的应急管理工作；必要时，派出国务院工作组指导有关工作。发生特别重大的突发公共事件时，需要国务院负责处置。地方各级人民政府是本行政区域突发公共事件应急管理工作的行政领导机构。

总的来说，中国实行的是一种党政统一领导、部门分担负责、灾害分级管理的灾害应急管理模式。党中央、国务院总揽全局、总体指挥，地方各级党委和政府统一领导，各有关职能部门分工负责，强调地方灾害管理主体的责任落实，注重中国人民解放军指战员、武警官兵、公安干警和民兵预备役部队突击队作用的发挥。

第二节　非政府组织参与灾害救助

非政府组织（non-governmental organization，NGO），源于1945年联合国成立时通过的《联合国宪章》。早在20世纪60年代，联合国就开始邀请政府组织以外的其他类型的民间机构出席它的会议和活动。这种与政府组织

(government organization) 相对应的简单明了的称呼便逐渐固定和沿用下来。但在不同国家、不同时期，对非政府组织的称谓也各有不同。如在美国，人们更多的是将非政府组织称作“第三部门”(the third sector)；在英国，它的普遍称谓是“志愿组织”(voluntary sector)；在法国和比利时，人们习惯称之为“社会经济”(social economies)。当然，非政府组织还有许多其他的别称，如“独立部门”(independent sector)、“非营利组织”(non-profit organization)、“慈善组织”(charitable organization)、“免税组织”(tax-exempt organization)、“公民社会”(civil society) 等。由于这些概念各自强调的侧重点不同，因此在具体的含义上也有所差别，但是基本内涵都是指处于政府和私营部门之间的制度空间。[①] 在学术界，关于确切的非政府组织的概念始终存在着分歧，至今没有一个被普遍接受的统一概念。其中最宽泛的定义是 1950 年联合国经社理事会的定义：“凡不是根据政府间协议建立的国际组织都可被看作非政府组织。”[②] 比较详细的定义是：“非官方的、非营利的、与政府部门和商业组织保持一定距离的专业组织，它们通常围绕特定的领域或问题结成团体，有自己的利益和主张，代表社会某些团体或阶层的愿望或要求。”[③] 世界银行对非政府组织的定义是：“致力于解除疾苦、消除贫困、保护环境、提供最基本的社会服务或促进社区发展的私人组织。”[④] 此外，世界银行还强调非政府组织是整体或部分地依赖慈善捐助和自愿服务的具有高度价值目标的组织，利他性和自愿性是它的两大决定性特征。目前，较为被人接受的定义是联合国对非政府组织的定义：“在地方、国家或国际级别上组织起来的非营利性的自愿公民组织。”[⑤]

从 20 世纪 70 年代末 80 年代初开始兴起的新公共管理运动为非政府组织在全球范围内的成长提供了契机，在现在这个重视社会管理和公共服务的时代，非政府组织以其独特个性和优势，成为政府、市场、非政府组织共同参与的“多元管理”格局中的一员。非政府组织越来越多地参与到社会管理和

---

① 沈奕斐．中国台湾地区的非政府组织研究．肖佳灵，唐贤兴．大国外交．北京：实时出版社，2003. 689 ~698.

② Cliver Archer. *International Organization.* London：George Allen & Unwin Press，1983. 32 –35.

③ 王逸舟．国际政治中的“非政府组织”．东方，1995（5）.

④ World Bank. Involving Nongovernmental Organizations in World Bank Supported Activities. *Operational Directive 14. 70 dated*，August 28，1989.

⑤ 联合国有关非政府组织的定义，参见 http：//www. un. org/chinese/aboutun/ngo/qanda. html.

公共服务当中来。与政府一样，非政府组织也成了灾害救助中一支不容忽视的力量。非政府组织秉承的人道主义和利他主义的传统也使它自然并且必然参与到灾害救助当中来。

一、非政府组织参与灾害救助的优越性

相对于政府组织而言，非政府组织具有明显的比较优势，正是因为这些优势的存在，使得非政府组织介入灾害的应对具有正当性和不可替代性。这种优势主要体现在以下几个方面：

（一）与政府组织相比，非政府组织更具灵活性

灾害爆发时的后果和严重程度往往是无法预计的，很多时候会让人们猝不及防，在灾害爆发后会出现许多新问题和新矛盾，使灾害的影响变得非常复杂。而政府是一个科层制组织，由于严格的层级体系或某些政治原因、价值因素使得他们反应缓慢或者没有反应。而非政府组织多是开放式、网络式的志愿组织，作为一种社会自治机制，决策分散而独立，它可以即时作出反应，迅速渗入事件的各个环节，并根据各种既定的条件来确定自己的战略、策略和计划，灵活调整工作内容和工作方式。例如，1995 年 1 月 17 日，日本发生了震惊世界的阪神大地震，由于当时复杂的制度规范和程序，在地震 6 小时后，经内阁会议通过的震灾对策总部才组织召开第一次会议，由首相领导的政府救灾对策总部在地震后第三天才得以成立。而在政府的危机应急程序启动之前，大批来自全国各地的 NGO 和志愿者已经到达现场，开始组织资源、运输物资、展开救助了。①

（二）在灾害应对中非政府组织更具专业性

灾害的应对是一个庞大又复杂的过程，需要的不仅是财务资源和强制性机制，还需要专业性技术和社会自治机制。无论是在非政府组织内部，还是在非政府组织之间都存在明显的社会分工，绝大多数非政府组织在成立之初就将自己的目标定得很明确：关注某一类社会问题或救助某一弱势群体，并

① 托马斯·西乐克．亚洲公益事业及其法规．中国科学基金会主译．北京：科学出版社，2000. 141.

根据自己的目标设定标准来吸纳组织成员。正是非政府组织之间的专业化与分工，使其在灾害救助中可以更关注某一群体或专注于某一领域，专业的非政府组织参与灾害救助过程中针对性更强，能减少灾害救助过程中的组织成本，提高灾害救助的效率。如无国界医生、乐施会、拯救儿童等这些非政府组织在地震、海难、流行性疾病、战乱等灾害中进行人道主义援助，能够给遇难者提供专业而及时的救助。

（三）非政府组织使得参与灾害救助的成员更为广泛

非政府组织的成员多是志愿者，大部分是来自民间的力量，更贴近平民。其工作手法特别注重通过沟通来引导社会公众参与到灾害救助中去。非政府组织存在于现代社会各个领域之中，发挥着不同的作用。非政府组织数量众多、范围广泛、覆盖面广，而且渗透性强。阪神地震时，每天约有 6 万人，总共有 130 万民众自发参与救援活动，自愿捐款额高达 1 730 亿日元。虽然志愿民众大多是以个人身份参与救援活动，但早已积极参与医疗、社会福利、国际援助及其他领域的很多非政府组织立刻组织了各种联合会，直接参与帮助地震灾民的救援行动或协调志愿人员的行动。①

二、非政府组织在灾害各阶段的角色和作用

在灾害救助中政府是最主要的责任主体，无论是从财务资源还是从强制机制方面来说，政府都有其他组织无法比拟的优势。但是政府在灾害救助过程中的能力绝不是无限的，也需要来自其他社会力量的帮助和协作。非政府组织在灾害的各个过程中都起着不可忽视的作用，是政府灾害救助的合作伙伴和重要补充。在灾害发生的不同阶段中，非政府组织也扮演着不同的角色，起着不同的作用。

（一）灾前阶段

在灾前阶段，非政府组织的活动主要以灾害的防范和灾害的预警为主。在这个阶段，非政府组织是政府预警系统的合作者，也是灾害防范的宣传者

① 托马斯·西乐克．亚洲公益事业及其法规．中国科学基金会主译．北京：科学出版社，2000. 141.

和防灾技能的培训者。非政府组织的专业性特征决定了其可以为社会公众提供各层次、各种形式和各种性质的社会服务。非政府的专业性还有助于它们对某一类灾害具有超前的预见性和敏锐的洞察力，这就决定了他们能够成为灾害预警系统中重要的一员。通过加强与政府相关职能部门合作，研究和分析各种可能发生的危机和灾害，并为政府提供政策建议和应对措施。引发灾害的原因多种多样，政府职能范围有限，有专业技术优势的 NGO 应担负起对相应灾害监测、预警的责任。特别是 NGO 中大量的科研机构、环境组织、卫生组织等一些专业协会，在其发展领域和活动范围中有极强的敏感性并熟知业务，完全有能力实现监测和预警功能。NGO 的成员大多是来自民间的志愿者，是与社会公众距离最小的社会治理组织，它们更贴近社会大众，所以 NGO 可以在民间进行大量防范灾害的宣传，促进全社会树立正确的危机意识，并组织公众进行防灾技能的培训。面对灾害时，自救和互助行为非常重要，NGO 在灾害预防阶段应该针对可能爆发的灾害进行深入的防灾动员，推广自救互助的安全常识，组织区域范围内的预演，增强民众应对灾害时的自救互助实践能力。

（二）灾害影响阶段

灾害影响阶段是整个灾害过程中最困难最复杂的阶段，这一时期灾害刚刚爆发，受灾地区处于混乱当中，应对灾害的行动在最紧急的状态下开展。地方政府此时最先启动应急预案，如果灾害的严重程度超出了地方政府的能力，国家部门应介入救援。政府在这一阶段发挥着处理灾害的中枢作用。NGO 则充当辅助性角色，它们是灾害救助最有力的支援者，也是救助物资的整合者。

在灾害爆发的初期，政府无论是在人力、物力还是在运作机制上都显得很迟缓，必须依赖 NGO 等其他社会力量来支持救灾行动。灾害发生后，NGO 往往能在第一时间作出反应，在紧急情况下进行人道主义救援。如日本的阪神地震时，大批来自全国的 NGO 和志愿者在政府的灾害应急程序启动之前就已经到达灾害现场。NGO 在灾害影响阶段的主要活动内容包括紧急募捐、救死扶伤、提供急需药品和医疗服务、派送食品和饮用水、分发御寒衣物、搭建临时居住帐篷等。无论是国内的还是国际的 NGO 都为救灾提供了大量的人力以及物资资源，这些物资资源通常是社会各界的募捐，人力资源主要是来自社会公众的自愿者，NGO 有效地整合了这些资源。如在“9·11 事件”发生后，纽约的社会服务人道援助机构为受难者提供食宿、咨询并组织了成千上万的志愿者。[①] 又如 2004 年 12 月 26 日，印度尼西亚发生特大地震海啸，国际社会迅速开展救援，大量 NGO 迅速组织募捐、参与救助工作。在日内瓦，国际红十字会和新月会联合呼吁国际社会提供 600 万美元的即刻援助，大约 50 万名幸存者得到了及时救助。国际"无国界医生组织"用飞机向最接近震中的印度尼西亚苏门答腊岛运送了大约 32 吨的医疗和卫生物资。[②] NGO 参与救灾的效率优势和公平优势不仅解决了受灾民众的燃眉之急，而且缓解了政府的救治压力，使其可以集中更多的力量进行战略决策和宏观管理。这是在特殊条件下增强社会凝聚力和保证公众对政府支持的必要条件。

在灾害影响阶段，有一种被称之为"危机中的危机"必须引起重视，即公众恐慌心理。社会学把瘟疫、灾难等灾害事件后人们的无组织反应行为称作"集合行为"（collective behavior），其特点是具有强烈的传染性。而在信息时代，这种恐慌心理更容易迅速扩散。因此，在提供基本的安全、生活保障、援助的同时，对受灾民众还应提供心理援助。NGO 中许多专业的心理咨询机构、各种咨询热线等可以及时对受灾民众进行心理辅导，安抚灾民情绪及进行心理治疗。同时 NGO 还积极配合政府使各种正确的信息公开化、明朗化，阻止谣言的传播、稳定公众心理。

小资料

印尼海啸救援中 NGO 的参与

2004 年 12 月 26 日，印度尼西亚苏门答腊近海发生 8.7 级地震并引发海啸，此次海啸造成近 30 万人死亡，7 769 人失踪，100 万人无家可归，成为 20 世纪以来人员伤亡最惨重的一次自然灾害。在此次灾害中，有来自全世界的各类 NGO 在灾害的各个阶段提供着各种不同的服务，如在灾害影响阶段参与的 NGO 有：

1. 国际红十字会

全球有 183 个全国红十字会，几乎有一半的机构回应了这次海啸救灾工作，提供了资金、物品和志愿者。国际红十字会在海啸发生后提供

① 钟涛．我国灾害危机管理中 NGO 与政府的协作问题研究．电子科技大学硕士学位论文，2009.

② 徐伟宏．非政府组织参与突发事件管理的研究．上海交通大学硕士学位论文，2008.

临时避难所，帮助恢复学校和住房，为受灾者提供经济援助，包括食品、日用品等，并提供医疗救护服务。红十字会既是捐赠人又是执行机构，在海啸灾害的救援中扮演着重要的角色。

2. 联合国粮农组织

联合国粮农组织是联合国的专门机构之一，是讨论粮食和农业问题的国际组织，成立于1945年。海啸发生后，联合国粮农组织立即成立评估团队到灾区评估渔业和农业的破坏情况和重建需求。在一开始的救援阶段，联合国粮农组织重点给农户和渔户提供种子、农耕工具和渔网等以减少人们依靠食物救援的时间。在亚齐省其他一些受灾严重的地区，许多政府公务人员在灾害中丧生，造成一些公共事务无人处理的状况，联合国粮农组织立即成立了一个紧急救援协调办公室，帮助渔民修复渔船。

3. 国际救助儿童会

国际救助儿童会是一个为儿童权利奋斗的独立的国际慈善组织，主要工作领域是儿童教育、儿童保护和儿童健康。印度洋海啸发生之后，国际救助儿童会的27个组织共同参与了救援工作，在2005年9月以前，国际救助儿童会在受海啸影响的5个国家为救济工作投入了9 200万美元。仅美国救助儿童会在印度尼西亚就已经帮助了27.6万名儿童。

4. 救世军

救世军是一个成立于1865年的基督教会组织，以街头布道和慈善活动、社会服务著称。救世军为东南亚海啸地区提供了紧急救助，救助的主要方面包括关注社区生活、家庭生活，提供社会关怀、食物和饮用水，健康与卫生，提供工作机会、教育和培训等。

5. 门徒中心

门徒中心是一个基督教组织，成立于1976年，致力更新强化有需要人士的生活，让他们发挥最大潜能。海啸发生后一个月的时间里，门徒中心给10 000个家庭提供了食物，给2 000个家庭分配了食物、消毒剂、临时帐篷物料、毛衣、毛毯及用具等，满足了人们的日常基本生活需求。

资料来源：张强，陆奇斌，张欢等. 巨灾与NGO——全球视野下的挑战与应对. 北京：北京大学出版社，2009.

（三）恢复和重建阶段

在恢复和重建阶段，政府意识到民间资源的重要性，在所有的计划或政策中都强调需要结合民间资源，发挥 NGO 在灾后重建中的细致、多元、持续参与等优势和作用。在这一阶段，NGO 是灾后重建的重要参与者、灾后重建中各项工作的协调者以及服务的执行者。恢复和重建阶段根据受灾的情况不同历时长短也不同，如果某个社区遭遇了较严重的灾害，历时少则几个月，长则数年。在这一段时间当中，政府的工作不可能面面俱到，更需要 NGO 参与到灾后重建当中来。在这一阶段需要的社会资源将会更多，NGO 需要将其募集来的社会资源进行合理的规划，协调重建中的各项工作。此时受灾的社区会得到来自政府、企业以及社会各界提供的各种救助或服务，而光靠政府本身的力量无法有效地执行，这时 NGO 和志愿者组织就成了这些救助和服务的执行者。

台湾“9·12”地震重建计划中，公共建设、产业、生活重建计划由台湾地区政府主导、民间支援、地方配合；社区重建计划由地方主导、民间参与、政府支援。有关资料显示，台湾“9·12”地震后，73%的房屋是由民间组织负责重建的。南投县 23 个社区重建中心都由民间组织承接，而台中县政府的 27 个计划也多委托民间组织办理；[①] 慈济（Tzu Chi）援建受灾中小学 51 所，其中 40 所是自筹经费自建，11 所为教育部门委托兴建，NGO 在台湾灾后重建过程中发挥了重要作用。[②]

在灾后影响阶段，人们主要有一种对灾害的恐慌心理，而在恢复和重建阶段，受灾民众慢慢从营救和抗灾中走出来，灾民的心理也开始发生变化。人们会出现悲痛、愤怒等情绪，家庭成员的心理压力增大，人们开始抱怨、寻找发生灾害的原因；大量的幸存者开始出现失眠、消化不良、神经质等心理和生理反应。灾民难以摆脱灾后的阴影，而大部分人自己并不知道他们需要心理援助，在灾后救助过程中也经常忽视心理援助。因此 NGO 应对灾害心理危机进行积极主动的干预、疏导和救治，帮助灾民顺利度过精神危机。如在美国，一旦发生重大灾害，政府需要采取大规模救灾行动时，美国应急管

① 吕朝贤．非营利组织与政府的关系——以九二一赈灾为例．台湾社会福利学刊，2001（2）．

② 林闽钢，战建华．灾害救助中的 NGO 参与及其管理——以汶川大地震和台湾 9·12 大地震为例．中国行政管理，2010（3）．

理署的首要合作对象就是美国红十字会。美国红十字会除了在灾害影响阶段为灾民提供心理救助外，还提供长期的心理救助服务，这些心理健康服务包括有资质的职业人员经过培训来疏导受灾人群的情绪。

三、宗教组织——灾害中不可忽视的力量

在对非政府组织的研究中，国内很多研究者认为非政府组织具有非宗教性的特征。马庆钰认为非政府组织是以社会公益活动或者互益活动为主旨的非营利性、非政治性、非宗教性的一类组织。[①] 褚松燕认为非政府组织就是人们自愿成立的非政治性、非营利性和非宗教性的社会组织。非宗教性是指这些组织不从事传教活动，不发展信徒，其活动不涉及公众的宗教信仰。[②] 从国内大部分学者对非政府组织的定义来看，宗教组织似乎被排除在非政府组织之外了。而在国外关于非政府组织分类的研究中，我们可以看到许多研究将宗教组织认为是非政府组织中的一类，如社会学家博利（John Boli）和托马斯（George M. Thomas）按照社会部门的差别和国际非政府组织从事的主要活动，将非政府组织分成了13类，其中第9类就是宗教、家庭和文化性组织。[③] 美国社会学家萨拉蒙（Lester M. Salamon）和安海儿（Helmet K. Anheier）根据对13个国家所作的跨国研究而推出的“非营利组织国际分类”认为，非政府组织包括宗教组织，如天主教仁爱传教修女会（Missionaries of Charity）就是宗教类国际非政府组织。[④]

据统计，1874年之前，世界上共有32个国际非政府组织，到1914年达到了466个。从操作层面看，在第一次世界大战之前成立的操作类国际非政府组织主要包括教会组织、专门的人道主义救援组织以及专业性组织和劳工组织这三类。它们的一个共同特征是，无论分属哪种类别，它们都为自身赋予了某种宗教目标或道义诉求。现存最古老的宗教类国际非政府组织应该是设在瑞士的摩拉维慈善教堂（Moravian Mission）。这个宗教性质的慈善组织早

---

① 马庆钰．中国非政府组织发展与管理．北京：国家行政学院出版社，2007.3.

② 褚松燕．中外非政府组织管理体制比较．北京：国家行政学院出版社，2008.9.

③ John Boli & George M. Thomas. *Constructing World Culture: International Nongovernmental Organizations since 1875.* Stanford, California: Stanford University Press, 1999.41–42.

④ Lester M. Salamon & Helmet K. Anheier. *Defining the Nonprofit Sector: A Cross-national Analysis*, Manchester and New York: Manchester University Press, 1997.56–81.

在1734年即已成立。[①] 这类宗教组织早期的海外活动主要是在非洲、亚洲、中东和拉美地区传播福音，使当地居民皈依基督教或其他宗教组织，同时也逐步建立学校和诊所等，并积极参与当地的农业、建筑以及供水等社区发展项目。

然而在大多数的灾害政策研究和灾后重建计划中，几乎很少有完整的对宗教信仰作用的分析。研究者也都倾向于忽视宗教组织作为一种情感支持和社会支持资源的角色以及受灾社区建设与群体和个人之间的媒介的角色。事实上，宗教组织在人们解释和处理灾害的行为构建中扮演着重要的角色。人们对灾害最终起源的认知可能会影响受灾社区受损害的程度。比如，如果人们认为灾害是由超自然的力量——上帝的惩罚引起的，那么灾前的准备和灾后的重建工作就更有可能强调宗教组织的活动——祈祷、宗教仪式、戒律仪式——来取代物质上的灾害管理方法。与现实生活中物质的重要性一样，宗教在人们的思想中是一个整体的要素，它通过一定的形式影响着人与人、人与环境之间的关系。它对人们面对灾害时的脆弱程度以及恢复重建能力有显著的影响。宗教给人们提供了认识自己、他人以及自然的方法，而不仅仅只是局限于一种神学概念。更重要的是，宗教组织建立了一系列被人们接受的信仰和行为规范，并使社会和精神连接成为一个系统。因此灾害中的精神、社会和生态环境最好被看作一个受人们的信仰和行为所影响的联系在一起的整体。[②] 如在一些第三世界国家，灾害防御、面对灾害的准备和灾后的救济都没有达到预期的效果，甚至在人们受到洪水、地震、龙卷风等灾害的预警后，他们还在犹豫是否要采取措施或者离开这个地区。他们看起来就像无助的接受命运的受害者，尤其是在孟加拉国，这个经常遭受洪水、龙卷风和飓风袭击的国家。在这个国家的灾民中，大多数受灾害影响严重的是穆斯林，因为他们把这些灾害归结于真主阿拉的“惩罚”，他们愿意接受这种“惩罚”而不是采取自救行动。在救援机构看来，这种行为阻碍了国际和国内的灾害救援行动。然而他们却忽略了一个事实：穆斯林们在把洪水看成是真主阿拉的“惩罚”的同时，也有一种来自真主阿拉的坚定的信仰，赋予他们生存的力量。这种来自宗教的信仰帮助当地的灾民更快地克服灾害，重建自己的日常

---

① Joseph Edmund Hutton. *A History of the Moravian Church*. http：//www. maranathamedia. com/site/.

② Marisa Olivo Ensor. Disaster Evangelism：Religion as a Catalyst for Change in Post-Mitch Honduras. *International Journal of Mass Emergencies and Disasters*，2003，Vol. 21，No. 2.

生活。而不是浪费时间和精力去埋怨灾害为什么发生在自己身上而没有发生在别人身上。[①]

小资料

玉树地震中的阿卡救援队

2010年4月14日清晨，在中国青海省玉树藏族自治州发生了7.1级地震，此次地震共造成了2 698人遇难，270人失踪，近25万人受灾，各类房屋破坏面积达500多万平方米。

由于玉树地区特殊的地理位置和人口结构，使玉树地震中的救援行动出现了诸多的困难：①“物流生命线”告急。玉树藏族自治州位于青藏高原腹地，此次强震使得原本崎岖险峻的交通雪上加霜。②地形复杂。玉树灾区地貌以高山峡谷和山原地带为主，间有许多小盆地和湖盆。此次受灾地点又很集中、空间有限，一些大型救援设备无法使用，影响了救援工作的全面铺开。③高原反应。玉树平均海拔4 000米以上，氧气稀薄，对于经过长途跋涉来到灾区的来自全国各地的救援人员来说，由于疲惫致使出现高原反应的可能性增加。④气候恶劣。震后两日，玉树夜间气温都在摄氏零度以下，昼夜温差大。这种恶劣气候环境对救援工作的开展产生了巨大的阻碍，对仍在废墟下的幸存者构成极大的生命威胁，也影响到许多露宿灾民的身心健康。⑤语言不通。玉树灾区97%是藏族人口，藏语是该地区的通用语言，并且是带有特殊地方口音的藏语，大部分藏民不会讲普通话，甚至听不懂普通话，外来的救援人员无法与当地的受灾民众交流，出现了沟通困难的情况。

然而在玉树地震灾区，活跃着一支人数并不亚于部队官兵的救援力量，他们就是从青海、西藏、四川赶来的喇嘛，被当地藏人称作“阿卡”（藏语“僧人”）救援队。他们在此次地震救援中起到了不可忽视的作用。

与参与灾害救援的政府和各类外来非政府组织拥有丰富的物资和机械设备不同的是，喇嘛熟悉灾区的地形，适应灾区的高寒气候，精通当地语言，并且为广大受灾民众信任。阿卡救援队在玉树地震中的作用主

① Hanna Schmuck. “An Act of Allah”: Religious Explanations for floods in Bangladesh as Survival strategy. *International Journal of Mass Emergencies and Disasters*, 2000, Vol. 18, No. 1.

要表现在以下几个方面：

1. 自发组织救援队，第一时间投身抗震救灾

地震发生后，在救灾官兵以及各类外来救灾队伍到达之前，喇嘛是灾区最快的救援队伍。来自玉树县龙西寺、当头寺、帮群寺、结古寺、禅古寺，称多县的康囊寺、竹节寺、歇武多干寺等1 300余名喇嘛自发组成抢险救援队。四川省石渠县色须寺、帮尼寺也派出了1 000余名喇嘛，带着从当地专门定做的300多顶帐篷以及食品等救灾物资，在寺院活佛的亲自带领下，昼夜兼程，前来灾区救援。地震发生以来，共有来自青海、西藏、四川的4万名喇嘛参与了救灾行动。阿卡救援队主要开展搜救受困人员、抢救伤病群众、寻找遇难者、搬运遗体等救援工作。

2. 以慈悲为怀，为灾区捐款捐物

地震发生后，各个寺院不仅组织寺院喇嘛参与灾害救援行动，还为灾区提供力所能及的物质帮助。如曲玛来县巴干寺的喇嘛带着5万元救灾款在第一时间赶赴现场，帮助开展抢险救灾工作。四川省甘孜州德格县的佐钦寺喇嘛携带价值6万元的药品来到灾区，为灾民们提供简单的医疗救助。除此之外，不少寺院还在街头免费施粥，为灾民提供食物等。

3. 维护灾区秩序，发放救灾物资

灾后由于物资紧缺，灾民们难免会产生哄抢物资的行为。4月15日、16日，政府运送救灾物资的车辆开进安置点，哄抢一发不可收拾，但是如果喇嘛布施，就不会出现哄抢物资的情况。因为玉树地区是全民信教区，寺庙在这里威望高，灾民们信任喇嘛。所以很多民间团体在捐赠食品等物资时，都选择捐给寺庙，再由寺庙布施，发放给灾民。

4. 为遇难者超度亡灵，诵经祈福，抚慰灾民情感

喇嘛除了在地震爆发后积极参与救援活动之外，他们最主要的作用还是给灾民们一种心灵和情感上的抚慰。对受灾地区的藏民来说，当他们看到喇嘛出现在自己身边的时候，在心理上就会得到一种巨大的安慰。玉树与其他文化渐趋复杂的藏族聚居区相比，人们的宗教信仰更为虔诚，在这里，喇嘛的活动范围大，影响也更广泛。他们不仅在寺院里诵经，还对藏民生活的方方面面产生影响，藏民只要有解决不了的问题都会找喇嘛帮忙，藏民认为喇嘛能帮他们解决任何问题，他们对喇嘛也

非常信任和信服。

对于死亡，玉树地区的藏民也有自己的信仰，这种信仰来自他们信奉的宗教。藏民相信，死亡并不是生命的终结，做好逝者的事情，是幸存亲人最大的希望和安慰。在玉树地区，藏民的丧葬习惯是将遗体交给喇嘛，然后由喇嘛念经超度，再根据不同的人进行天葬、火葬或水葬。在玉树地区，喇嘛平时受到信众的供养，灾后为受灾群众超度祈福便成了喇嘛们的分内之职，他们在精神层面发挥的作用，是任何其他救援组织都无法替代的。如在藏传佛教中信徒们相信只要今生今世做善事，来世就会比今世更幸福更美好。所以当地震发生以后，藏民虽然悲伤，但是却没有出现抱着遇难者号啕大哭的场面，正是因为藏民们相信，只要为亲人诵经祈福，亲人们的来世会更美好。他们有悲伤却没有绝望，在很大程度上都是因为藏民们受到宗教的影响。

资料来源：凤凰卫视．玉树大地震. http：//v. ifeng. com/news/china/201004/66cea4d6 - e4ae - 49a0 - a5d4 - eef05cc66d11. shtml.

第三节　企业在灾害中的行为

救灾行动主要由政府和非政府组织开展，企业也已经通过多种方式越来越多地参与到社会救灾行动中来，成为灾害救助的主要力量之一。一项关于全球500强企业（Fortune Global 500 Firms）的研究结果充分显示了企业组织在人类抵抗灾害中的重要角色。① 近年来，来自非政府组织的压力、公众受教育水平与社会意识的提高以及企业活动的更加透明，增加了企业承担社会责任的压力。②

① Muller A. and Whiteman G. Exploring the Geography of Corporate Philanthropic Disaster Response：A Study of Fortune Global 500 Firms. *Journal of Business Ethics*，2009，Vol. 84.

② Vogl A. J. Dose It Pay to Be Good. *Across the Board*，2003，Vol. 40.

一、企业的慈善捐助行为理论来源

企业参与灾害救助主要表现在企业的慈善捐赠行为上。企业慈善捐赠行为的理论来源主要有三个。

（一）企业社会责任理论

企业社会责任理论最早由英国学者谢尔顿提出，他认为企业不仅仅要承担经济责任，更要勇于承担社会责任。美国学者霍华德（Howard R. Bowen）在1953年提出了企业家的社会责任理论。他认为："企业家的社会责任就是他们在追求利润或制定决策的过程中，必须遵守法律条文、社会目标与社会价值。"企业家实现其社会价值的重要方式就是"要积极参与社会慈善捐赠事业"①。随后卡罗（Archie B. Carroll）对企业的社会责任进行了明确的界定，并提出了至今仍被广泛认可的"四维模型"定义。他认为，企业主要应承担四种社会责任：经济责任，企业要为股东创造利润；法律责任，企业的经营活动必须符合法律的规范；伦理责任，企业的经营决策要符合社会公正、正义标准；慈善责任，企业要向社区中的教育、文化等组织提供力所能及的捐助。② 企业通过自觉地参与慈善活动，就可以建立起与社会的良好关系，从而为企业的可持续发展创造有利的外部发展环境。

（二）利益相关者理论

利益相关者理论由弗里曼提出。他认为："企业的社会责任主要是企业对股东等特定的利益相关者必须履行的责任。"他所指出的利益相关者是"能够影响一个组织目标的实现或者受到一个组织实现其目标过程影响的所有个体和群体"③。克拉克森（Clarkson）根据利益相关者在企业经营活动中承担风险的方式将其分为两类：主动的利益相关者和被动的利益相关者。前者指那

① Howard R. Bowen. *Social Responsibilities if the Businessman.* New York：Harper and Row Press，1953. 22.

② Archie B. Carroll. A Three-Dimensional Conceptual Model of Corporate Performance. *Academy of Management Review*，1979，Vol. 4.

③ 爱德华·弗里曼．战略管理——利益相关者方法．王彦华等译．上海：上海译文出版社，2006. 30.

些向企业投入了大量人力资本而不得不承担某种形式企业风险的个人或群体，包括股东、投资者、供应商等；后者指“那些由于企业的行为而被动地处于风险之中的个人或群体”，如社区等。他认为，主动利益相关者由于利益范围明确、利益关系清晰，企业对他们的社会责任往往易被及时发现并得到满足；而被动利益相关者由于受影响的范围不确定，而且所受到的利益影响往往以隐性的形式存在，因此，他们的利益损失常常被企业忽略。在这种情况下，企业积极参与社会性的慈善捐赠活动就可以直接或间接地对被动利益相关者的利益损失进行补偿。[①] 通过这种方式，企业有效地协调了与各种社会群体的关系，从而降低了企业可能面临的社会风险，维护了企业的长远利益。

（三）企业公民理论

企业公民理论是从企业社会责任理论及社会契约理论中演化而来的。传统意义上的公民是指处在某一特定政治社区中的成员，而企业公民指的是处在特定政治区域内、享有权利并承担义务的实体。企业公民作为社会公民的一员，理所当然应该在享受各种权利的同时履行自己对社会的责任和义务。国外的很多学者认为，狭义的企业公民理念实际上主要指的是企业主动地承担慈善捐助责任的行为。卡罗认为：“成为企业公民是企业主动承担社会责任的重要表现。企业的慈善责任是企业公民理念的核心。”[②] 企业积极从事慈善事业、服务社区是企业进行社会投资的重要表现。通过支持和赞助社会公益事业、扶贫救困、救助灾害、帮助残疾人和社会弱势群体，企业在社会上建立了良好的声誉资本。在一定条件下，这些声誉资本会转化成企业核心竞争力的一部分。

二、灾害中企业慈善捐助行为的动机与影响因素

除了利他动机外，企业慈善行为动机是多元化的。工具主义强调企业慈善与经营相结合，企业可以通过慈善行为改善竞争环境，塑造竞争优势或直

① Clarkson M. A. Stakeholder Framework for Analyzing and Evaluating Corporate Social Performance. *Academy of Management Review*, 1995, Vol. 4.

② Archie B. Carroll. The Pyramid of Corporate Social Responsibility: Toward the Management of Organizational Stakeholders. *Business Horizons*, 1991, Vol. 2.

接影响消费者。波特（Porter）和克雷默（Kramer）的战略慈善观认为，企业可以通过慈善行为改善企业的外部竞争环境，为企业塑造竞争优势。张广玲等（2008）针对中国消费者的研究发现企业的捐时（指动员员工成为志愿者参与慈善行动的时间）比捐款更能影响社会公众。[①] 从利益相关者的角度来考量，企业慈善可以为企业改善组织合法性，积累商业道德资本。社会同构理论认为，社会制度环境会影响企业慈善行为。例如，由于社会文化制度环境差异，法、荷、英、美四国企业的社会责任热情、处理利益相关者关心的重点与方式也不尽相同。与欧美企业相比，日本企业的社会责任行为更倾向于政府指导。代理理论则认为，企业经理层的机会主义也是企业慈善的动机之一，经理层可以通过企业慈善为个人积累声誉，获得非金钱收益，大量的实证研究也表明经理层确实对企业慈善行为发挥着重要影响。

企业慈善捐助的领域广泛，李骏（2005）把这些领域归纳为公共援助（灾后救助、扶贫济困、社会福利、社区服务等）和社会发展（环境保护、体育保健、教育、科学普及、文化事业等）两大类。[②] 樊建锋等（2010）认为，相比于企业在其他领域中的慈善捐助行为，企业针对灾害的慈善捐助行为更能取得公众的认可。[③] 影响企业慈善捐助行为的因素众多，如东道主效益、企业规模、利润、行业因素等。东道主效益即企业针对灾害事件的慈善捐助行为受临近效应的影响，即本地区的企业对发生在本地区的灾后事件反应更为积极，因为人们更关注自己身边的灾害事件，捐助本地灾害更容易引起公众的注意。如穆勒（Muller）和怀特曼（Whiteman）等关于全球500强企业对2004年亚洲海啸灾害的捐助行为的研究发现，来自亚太地区的企业专注更多。[④] 尤森（Useem）认为企业规模是影响企业慈善捐助水平的重要因素，大型企业的慈善捐助很多而不太注重企业利润，[⑤] 大部分文献研究都表明规模与慈善支出呈正相关。克兰普顿（Crampton）和裴丁（Patten）研究发现，企业

---

① 张广玲，黄慧化，郭志贤．企业慈善行为（捐款和捐时）对消费者行为意向的影响研究．武汉大学学报（哲学社会科学版），2008（6）．

② 李骏．中国企业慈善的发展现状．社会观察，2005（9）．

③ 樊建锋，田志龙．灾害事件、规模与企业慈善捐助——中国背景．山西财经大学学报，2010（1）．

④ Muller A. and Whiteman G. Exploring the Geography of Corporate Philanthropic Disaster Response：A Study of Fortune Global 500 Firms. *Journal of Business Ethics*，2009，Vol. 84.

⑤ Useem M. Market and Institutional Factors in Corporate Contributions. *California Management Review*，1988，Vol. 30.

针对灾后事件的慈善捐助水平与企业利润呈明显的正相关。他们研究了财富500强企业对“9·11”灾害事件的慈善捐助行为，发现即使在高度的社会压力下，那些与灾害事件联系程度密切的企业的慈善捐助水平仍然受企业短期利润的影响。[①] 行业因素一般将企业分为两类：处于与消费者接触密切的行业和处于与消费者接触较少的行业。尤森认为，与消费者接触密切的行业的企业（如零售商、保险公司或银行），其慈善支出要比与消费者接触较少的行业的企业（如采矿业或主要金属行业）多。[②] 布拉莫尔（Brammer）和米林顿（Millington）也认为行业性质对企业慈善行为有重要的影响，他们研究发现资源型行业中的企业，其慈善捐助多于基础型行业中的企业。[③]

三、企业在灾害中慈善捐助的资源与途径

企业慈善捐助的资源归纳起来可以概括为人、财、物三个方面。“人”是指企业支持和鼓励员工、零售伙伴、特性经营商志愿奉献他们的时间来支持当地的社区组织和公益慈善事业。志愿者的活动包括员工志愿奉献他们的专业知识、技术、才能、创意和体力劳动。企业的支持可以包括带薪的志愿服务时间、匹配服务以及帮助员工找到感兴趣的机会、表彰志愿者服务、组织团队以支持企业锁定的慈善公益事业。“财”指的是企业的资金资源，它是企业慈善捐助中最普遍利用的资源，也是受赠者最乐意接受的资源之一。因为货币作为一般等价物，能够自由兑换受益者所需的物品，避免了“捐非所需”的现象。“物”主要是指企业的有形资产，它包括设备、本公司产品或服务、渠道（如企业的销售渠道）和非本公司的产品（一般是灾区需要的物品）。

企业将自身的资源通过慈善捐助途径送达受益领域。捐助途径是联系慈善捐助资源和慈善捐助领域的纽带，在很大程度上决定了企业慈善捐助的效率和效果。企业捐助的途径可以分为以下三类：

---

① Crampon W. and D. Patten D. Social Responsiveness, Profitability and Catastrophic Events: Evidence on the Corporate Philanthropic Response to 9/11. *Journal of Business Ethics*, 1998, Vol. 81.

② Useem M. Market and Institutional Factors in Corporate Contributions. *California Management Review*, 1988, Vol. 30.

③ Brammer S. and Millington A. Firm size, Organizational Visibility and Corporate Philanthropy: An Empirical Analysis. *Business Ethics: A European Review*, 2006, Vol. 15.

(一) 全权委托型

全权委托是指企业将自身资源交给第三方组织(政府部门、非政府组织、商业伙伴等),由其全权负责慈善事业的运作。典型的全权委托型捐助大多发生在企业零散、随机的慈善行为情况下,如企业在政府号召下捐款捐物进行赈灾等。

(二) 合作开发型

合作开发是指企业与第三方组织共同设计慈善捐助项目,实施慈善行为。由于企业各个捐助项目的目的、特点、要求不同,与其合作的第三方也各有不同,不仅仅有非政府组织发起的慈善基金会,还有政府部门、行业协会甚至商业伙伴。

(三) 单独运作型

单独运作是指企业独自设立属于本企业的慈善基金会,它属于企业的公益部门,由企业成员负责基金会的管理和运作。通常也为社区公益事业和活动提供资助。西方国家的企业大都以这种形式参与慈善事业。

四、企业在灾害各阶段的角色和作用

通常人们认为政府组织是灾害救助最重要的主体,非政府组织也由于它的特殊性,在灾害救助中发挥了重要的作用。而企业作为以利益驱动型的私人组织,参与灾害救助的动机多种多样,决定了它并不是灾害救助中"天然的"救灾主体。事实上,企业在救灾资源的提供上有着政府组织与非政府组织不可比拟的优势。[①] 在灾害的三个不同阶段中,企业也扮演着不同的角色,起着不同的作用。

(一) 灾前阶段

在灾前阶段,企业应该是灾害预防体系中的一员,主要是做好本企业的

① George Horwich. The Role of the For-Profit Private Sector in Disaster Mitigation and Response. *International Journal of Mass Emergencies and Disasters*, 1993, Vol. 11, No. 2.

灾害预防，所以在灾前阶段企业是自身灾害应急预案的制定者。首先，企业应当建立自己的灾害应对机制。因为灾害会扰乱经济和生计，无论是企业和个人都不可避免地受到灾害的影响，所以企业应当做好灾害预防的应急准备，避免灾害造成的直接的财产损失。其次，企业应当积极关注属地社区的灾害管理计划，与属地社区相关部门商讨灾害信息，积极与属地社区开展防灾演练与救援，成为社区灾害预防的参与者。社区灾害预防保护着社区成员的安全，这些成员中既有企业的员工，也有企业的顾客，企业将其商业计划与社区灾害应急预案结合起来，才能保护好企业的各类资产。最后，企业应当是救灾设备和物资的储备者。灾害一旦爆发，需要大量的资源，而这些资源大多来自企业，如果没有良好的物资储备，灾害爆发后就难以满足灾区对物资的需求。2005 年卡特里娜飓风来临后，沃尔玛通过配送中心向灾区运输了大批供给品，如饮用水、食品及发电机等。

（二）灾害影响阶段

在灾害影响阶段，企业应该是资源的提供者和灾害救助的支持者。企业作为生产者，为社会公众提供各类资源。受灾社区对各类资源的需求更为急迫，企业本身就是这些资源的提供者，除了有偿提供这些资源以外，企业在灾害中更多地表现出一种慈善捐助的行为，通过中间途径为灾区提供紧缺的物资、专业技术人才以及志愿者、救灾所需的设备等。在灾害中，企业还应该参与到救援行动中，主要表现在鼓励员工成为救灾的志愿者，参与灾害救援行动。乔治（George）在对美国私营企业在灾害解释与反应的研究中认为，政府组织和非政府组织在灾害救助的资源提供和行动上都具有各种各样的缺陷，原因是它们都不是自由市场竞争中的成员，没有来自竞争者的压力，在灾害中不能提供有效的服务。而私营企业则相反，它们在市场的刺激下为工业发展的过程不断地提供安全水平更高和具有减灾能力的工作场所和产品。近年来，美国甚至出现了专业的应急企业，它们为灾害提供准备和缓解的服务。这些发展都是对不断增加的收入、不断进步的技术和因此不断增加的购买力的反应。①

---

① George Horwich. The Role of the For-Profit Private Sector in Disaster Mitigation and Response. *International Journal of Mass Emergencies and Disasters*, 1993, Vol. 11, No. 2.

（三）恢复和重建阶段

如果说灾害发生前的应急预防、灾害发生后的应急救援还是政府起主导作用的话，那么在灾后恢复和重建阶段企业则起着最主要作用。灾后重建是政府最需要企业参与的阶段，因为在重建中需要大量的基础设施的建设和建设所需的资源，企业对资源的优化配置能力决定了企业在这一阶段的重要作用。以汶川地震为例，最新数据表明，到2010年，四川灾后重建约需资金3万亿元，而政府只能提供8 000亿元，其余不足资金将主要依靠贷款和企业投资。研究者认为这一阶段不仅是企业投资灾后重建的阶段，更是企业灾害经济开发的阶段，灾害经济开发的主要内容包括：研究并分析恢复重建中的消费需求、消费结构变化对企业的影响，及时调整产品生产结构和销售策略，向社会提供市场需求的产品和服务。另外，企业形象、诚信度的建立和提高也是灾害经济开发不可忽视的方面。爱德华（Edward）等人在一项基于对全美10个城市312家私营组织土地决策者（土地所有者、土地开发者以及建筑的拥有者）的研究中表明：在美国洪水泛滥地区，这些决策者的土地决策具有非凡的影响作用，比起购买土地、发展地产、扩大收益来，这些决策者更倾向于对洪水的预防策略。在洪灾地区建设的新建筑可以更好地防御未来洪水的侵害。[①] 这说明在灾后重建中，企业的决策更多的是从受灾地区的角度出发，体现了企业的社会责任，也说明了企业是灾后重建中的重要投资者和建设者。

本章学习要点

人类社会经历了无数的自然灾害和人为灾难，在这些灾害面前人类个体的力量显得尤其渺小，这正是人类发明的“组织力量”体现其价值的时候。政府作为保障公众权利的第一责任主体，在灾害发生时应当动员一切可以动员的力量投入到紧急救援之中，抢救生命、保护财产、恢复秩序、重造公共空间。非政府组织由于自身的特点、其秉承的利他主义和人道主义的传统以及其在现代公共管理中越来越重要的位置决定了非政府组织是灾害救助中的

① Edward J. Kaiser, Raymond J. Burby, Scott A. Bollens, et al. Private Sector Land Market Decision Agents as Targets of Flood Plain Policy. *International Journal of Mass Emergencies and Disasters*, 1993, Vol. 11, No. 2.

第二责任主体。在灾害发生时，非政府组织应该紧急行动，募捐款物、评估灾情、找准人群、迅速行动，并搭建灾民和捐助人之间的沟通桥梁和互动平台，扩大志愿者的使用和管理，为抢救生命和恢复秩序发挥自己的作用。在非政府组织中不可忽视的一类组织是宗教组织，宗教组织不仅参与灾害救助，在特殊受灾地区（如宗教信仰的集聚地），宗教组织还起着心理援助的作用。最后在灾害救助中发挥着重要作用的组织就是营利型组织——企业。企业作为物质资源的生产者和提供者，在灾害救助中的行为主要体现在慈善捐助上，企业的慈善捐助行为体现了企业的社会责任。企业也是灾害救助中的重要一员。

关键术语

政府组织　NGO　宗教组织　灾害救助　慈善捐助

补充读物

1. 张强，陆奇斌，张欢等. 巨灾与NGO——全球视野下的挑战与应对. 北京：北京大学出版社，2009.

2. 张涛，项永琴，谭晶等. 中国传统救灾思想研究. 北京：社会科学文献出版社，2009.

3. 沈荣华. 国外防灾救灾应急管理体制. 北京：中国社会出版社，2008.

4. 汪汉忠. 灾害、社会与现代化：以苏北民国时期为中心的考察. 北京：社会科学文献出版社，2005.

思考题

1. 谈谈美国和日本的灾害救助体系对我国的启示。

2. 非政府组织参与灾害救助的必然性如何体现？

3. 宗教组织在灾害救助中最主要的作用是什么？（结合玉树地震案例说明）

4. 论述企业慈善捐助行为的理论背景。

第六章　社会阶层、性别与灾害

本章概述

阐述社会分层和弱势群体的概念、内容以及灾害与弱势群体的关系，介绍国内外关于灾害与社会阶层、社会群体关系的理论和经验以及研究状况。

第一节　社会分层与灾害易损性

当灾害降临时，受灾群体往往是多元的，许多类型的灾害常常波及社会的各个阶层。但当我们回顾人类的灾害史，总会发现一些耐人寻味的现象：2005 年，在卡特里娜飓风的袭击下，处于社会底层的黑人和穷人成为最大的牺牲者；1995 年，芝加哥热浪的死亡者大多是那些孤独老人……为什么在同样的灾害袭击下不同的社会群体在死伤率上有明显差别？穷人、老人、妇女、儿童等社会群体在灾难下是否会表现出更大的易损性？人类社会的阶层分化是否被这些突如其来的灾难透视得更为明显？这是许多从事灾害研究的社会学家所关注的核心问题。

一、社会分层

当我们从社会分层角度观察社会时，人类群体和社会组织常常被阶梯似的等级分化为“社会金字塔”，这使得一个阶层在很多方面都明显异于另一个阶层。纵观历史长河，从人类古代的原始社会到当代一些高度工业化的文明社会，社会分层作为一种“制度”总是存在的。[①] 西方社会学家普遍认为区别社会阶级的三大基本标志是权力、财产和名望（主要是职业名望），因此，他们以这三种标志为标准进行社会分层。不过，权力的概念相当宽泛，如它包含特殊角色权力、社会权力、个人生存权力等，对财产表现形式的测量也有困难，所以，对权力、财产和名望的综合比较并进行排列实属不易。[②]

主流社会学者对社会分层概念有许多不同的界定，在这里我们主要介绍两种。一部分人认为社会分层是：“社会世界以某些方式划分成各个部分和要素，而这些组成部分和要素又通过清晰的界限保持着相互分离的状态。这种划分可以发生在一种基础上，即有一个或更多的单元凌驾于另外一个或更多的单元之上而形成的支配或等级排列，这种分层过程的发生会有很多维度，但是最受理论关注的形式是将社会划分为各个阶级。”[③]

另一部分人根据不同人社会地位的差异在人群中进行横向切割，使得不同层级的人群的社会地位是有差异的。“分层是指社会群体之间的层化现象，所以分层研究的焦点就涉及地位不平等或地位差异问题。”[④]“从公平的角度看，社会分层是由两个相互联系的基本方面组成：一是‘地位差异结构’，即社会分为地位不平等的结构或地位差异的网络，如收入分层、级别分层；二是‘地位准入’机制，即社会上的人或人群进入到职业的分层位置中的方式。”[⑤]

二、弱势群体在灾害事件中的劣势地位

既然全体社会成员可以在社会分层下按照一定等级标准划分为在权力、财产、名望等方面存在显著差别的社会集团，那么人类社会中就会基本形成上、中、下各阶层。显然，作为社会下层的弱势群体往往在人类应对灾害事件的过程中处于劣势地位。

---

① 何建章．当代社会阶级结构和社会分层问题．北京：中国社会科学出版社，1990. 13.

② 何建章．当代社会阶级结构和社会分层问题．北京：中国社会科学出版社，1990. 13～14.

③ 马尔科姆·沃斯特．现代社会学理论．北京：华夏出版社，2000. 15.

④ 王金玲．女性社会学．北京：高等教育出版社，2005. 55.

⑤ Parkin，F. *Marxism and Class Theory*. London：Tavistock，1979. 转引自王金玲．女性社会学．北京：高等教育出版社，2005. 55.

（一）弱势群体的概念

国内外学者对弱势群体概念的界定和理解一直存在着差异。在欧美国家，许多社会政策和社会福利文献在涉及弱势群体问题时，往往从丧失和缺乏独立生活能力的角度对弱势群体进行界定，将其作为社会生活和社会福利制度的依赖人群。在这些文献中，弱势群体主要包括那些在社会生活中比较脆弱、容易受到外部冲击（自然灾害、疾病、通货膨胀、经济危机等）的群体，这类群体的劳动能力低下，甚至丧失或没有劳动能力，普遍缺乏满足基本生活需求的经济收入和抵御风险的资产和工具。在欧美发达国家，弱势群体的构成没有多大差异，具有较强的稳定性。①

而在中国，“弱势群体”一词近年来频频出现，相关的学术研究也日渐兴盛，但在相关概念的界定方面仍存有争议。郑杭生认为：“社会弱势群体是指凭借自身力量难以维持一般社会生活标准的、生活有困难的群体，它是社会支持的对象。”他主要从社会学的意义上来认识社会弱势群体，认为其判定标准是一般社会生活标准，既包括由于收入不足所造成的匮乏状态，也包括由个人或社会原因造成的心理病障及随之而来的心理越轨。因此他将社会弱势群体进一步分成初级脆弱群体和次级脆弱群体两个层次，前者指“由于成员基本生活需要未能得到满足而形成的社会生活有困难者”，后者指“在其基本物质生活需要得到满足的前提下，由于自身生理和心理上的病障或社会失调的影响造成其心理上的受挫感和被剥削感，从而难以适应社会甚至形成越轨行为的社会成员的集合”。②

王思斌则从社会工作的角度出发，认为“脆弱群体是在遇到社会问题的冲击时自身缺乏应变能力而易于遭受挫折的群体”③。由于生理原因或社会原因，他们往往陷入困境，难以与正常人一样来化解社会问题造成的压力。在我们看来似乎正常的困难，儿童、老年人、残疾人常因其生理条件的脆弱而无法应对，贫困者也因其经济力量的薄弱而难以应对这些意外打击；在社会经济结构中，弱势群体常常处于不利地位，这种不利主要表现为经济和政治

---

① 张敏杰．中国弱势群体研究．长春：长春出版社，2003. 11～14.

② 郑杭生等．转型中的中国社会和中国社会的转型——中国社会主义现代化进程的社会学研究．北京：首都师范大学出版社，1996. 320～321.

③ 王思斌．社会工作导论．北京：北京大学出版社，1998. 17.

力量的薄弱。①

基于我国现阶段弱势群体问题的复杂多样性，我国其他学者还有各自不同的观点，在此不一一详列。

（二）弱势群体的灾害易损性

1. 关于灾害易损性的概念界定

随着20世纪全球自然灾害频发，以及各类学科的综合发展，学术界对灾害易损性的认识逐步加深。对灾害易损性问题的研究始于自然科学领域，其相关文献主要出现在地理学和环境科学中。20世纪70年代，国外一些社会学家逐渐发现了灾害易损性的社会属性，从而打破了仅在自然科学领域研究该问题的传统，将灾害易损性的研究延伸至社会科学领域。在近期的各种灾害研究文献和政府灾害管理文件中，“易损性”出现的频率越来越高，逐渐成为灾害研究领域的焦点。② 国际社会也越来越关注“灾害易损性”，在1995年的减灾日上，联合国就提出了“最易损的人群，即妇女和儿童，是预防的关键”。可见，社会易损性在灾害研究中不可或缺。

我国学者对灾害易损性的研究起步相对较晚，且局限于工程物理学、系统理论等范畴来分析。社会易损性的完整概念出现在1996年的《灾害学》杂志中。中国科学院南京地理与湖泊研究所的姜彤等（1996）认为，易损性是指“易于受到灾害的伤害或损伤”，“它可以看作自然系统和受该系统影响的人类系统的函数”。他们还将对易损性评价所应主要考虑的因素归纳为职业危险、人口年龄分组、心理和生理疾病或残疾、女性、少数民族、人们的健康和营养状况等。③ 这在一定程度上体现了我国灾害易损性研究的跨学科性和细化性。

郭跃对“灾害易损性”的研究更进了一步，他认为易损性概念的核心内容是自然过程和社会过程的相互作用，“是反映人类社会在自然灾害条件下的潜在损失”。从社会学角度来看，灾害易损性的测量主要包括以下三方面：人口，灾害易损的主要方面是弱势人群和人的职业构成；社会结构，这是一个

---

① 王思斌. 社会工作导论. 北京：北京大学出版社，1998. 17.

② Gilbert F. Whitea, Robert W. Kates, Ian Burton. Knowing Better and Losing Ever More: The Use of Knowledge in Hazards Management. *Environmental Hazards*, 2001, Vol. 3.

③ 姜彤，许朋柱. 自然灾害研究的新趋势——社会易损性分析. 灾害学，1996（6）.

群体或社会中各要素相互关联的方式；社会文化，不同的文化背景对灾害易损性的影响不同。①

总之，灾害易损性是一个内涵比较宽泛的概念，从不同的角度都可以对其进行界定和分类。它既包括对“物”的损害，也包括对“人”的损害；既包括有形的损害，也包括无形的损害；既包括对经济基础的损害，也包括对上层建筑的损害等。本章主要针对受灾对象，从受灾对象特征的角度出发来进行讨论。

2. *弱势群体的分类*

弱势群体之“弱”被视为其本质特征，这种“弱”主要通过对社会资源的掌握程度来衡量。陆学艺等认为，“社会性资源”主要是指一种机会和可能性，这种机会和可能性包括人们占有经济利益、权利、义务、职业声望、生活质量、知识、技能，以及所能发挥的各种能力。② 弱势群体对上述资源的占有，无论在质上还是在量上都明显不如其他群体。

为了对不同社会群体在灾害中的易损性进行深入分析，这里根据李航的观点，将弱势群体分为三类，即自然性弱势群体、生理性弱势群体和社会性弱势群体。自然性弱势群体主要包括生态脆弱地区的人口和发生自然灾害地区的灾民；生理性弱势群体是内涵和外延都相对简单明了的范畴，主要是指那些由于生理性原因而丧失或无劳动能力或劳动能力相对较弱，在社会竞争中处于弱势和容易被伤害的人群，如老年人、残疾人、儿童、长期患病者等；当社会发生巨大变化尤其是发生社会转型时，总会有一部分社会成员不适应变化而被甩到边缘地带，在社会利益的重新分配格局中被弱势化，他们手中掌握的能主宰自己命运的资源更少，成为社会意义和地理意义上的边缘人，从而逐步转变为弱势群体，这类人就是社会性弱势群体。③ 弱势群体相对于上层阶层群体来说，他们遭受风险损害的概率要大得多，有些人甚至会遭受多重风险的打击。

（1）灾害下的自然性弱势群体。

生活在生态脆弱地区的人们，处于自然环境恶劣、资源匮乏的困境，自然的先赋因素使得他们无法追求更高水平的生活质量，同时也大大削减了他

---

① 郭跃．自然灾害的社会易损性及其影响因素研究．灾害学，2010（3）．

② 陆学艺等．社会学．北京：知识出版社，1996. 163.

③ 李航．我国转型期弱势群体社会风险管理探析．成都：西南财经大学出版社，2007. 49.

们对自然的能动作用，从而被迫成为弱势群体。在我国西部地区，生态环境持续恶化，大量民众无法就地坚持正常的生产和生活，出现地区间“沙进人退式”的或者“水涸人流式”的迁移，迫使他们四处游荡或流落他乡，这些人本质上就是灾害性弱势群体。①

除了长期积淀因素造成的生态灾害，我们的生活中还可能会面临种种突发性灾害事件。正所谓“天有不测风云，人有旦夕祸福”，一些无法预知的灾害随时可能降临。遭受自然灾害袭击的居民，由于灾害的难以预知性和破坏性，均会受到不同程度的损失而成为临时被救助者，甚至有相当多的人在短期内无法恢复生产和生活而不得不需要长期救助，并承受着灾害所带来的生理和心理上的创伤。这些受灾害波及的人群都属于自然性弱势群体。

自然性、生理性、社会性弱势群体的涵盖范围并非是相互独立的，受灾群体会有多重属性，他们有的人可能具有自然性弱势而无社会性弱势，也可能三性皆有。在现实灾害下，我们会发现自然性弱势群体中有相当大比例的是社会性弱势群体，究其原因，恐怕也只能归结为社会阶层的差异。弱势群体的社会边缘化导致他们处在不安全的自然环境中，他们往往栖息在易山体滑坡的山谷下，或居住在岌岌可危的房屋中，这些都使得他们在应对灾害时表现出更大的易损性。自然性弱势群体归根结底也是社会性弱势群体，在很大程度上，“社会性之弱”正是导致其“自然性之弱”的根本原因。

（2）灾害各阶段中的生理性及社会性弱势群体。

从灾害发生的具体阶段来看，生理性及社会性弱势群体在灾前预警、灾中应对、灾后恢复上均表现出明显的脆弱性。

灾前预警时期。在灾害发生前，政府通常会掌握相对充足和准确的信息，并通过媒体发布正式预警，与此同时，民间的非正式信息也可能会陡然盛行。正式信息的纵向传递会带来信息不对称，使民众无法获得完全可靠的信息。而这时又会有人因地处偏僻或与外界沟通甚少等原因而获取信息迟缓，影响信息传递的时效性，加上从获知信息到作出反应存在时间差，更使得难以及时获得充分信息的弱势群体无法有效地应对灾害。信息传递不是一个孤立的个人行为，而是与整个社会系统密切相关的。在灾前预警阶段，信息的不对称不仅表现为纵向的“垂直性”，也表现为横向的“水平性”，这都会直接影响不同社会群体的灾中应对与灾后恢复。对于那些社会资源匮乏的人来说，

① 文建龙，黄立平．生态灾害与弱势群体．四川环境，2007（2）．

他们在灾害面前的脆弱性是显而易见的。

灾中应对时期。无论发生何种灾害，生理性和社会性弱势群体往往最易受损。对于生理性弱势群体而言，由于生理原因会使他们在面对灾害时缺乏有利的逃生手段且承受更大的恐慌，身体和心理的“弱势”交织削弱了他们应对灾害风险的能力；对于社会性弱势群体而言，因为他们在经济、政治、文化及社会地位等方面的弱势，手中掌握的社会资源稀缺，因而在对抗灾害风险时，总是要比其他社会群体脆弱得多。这两类群体的脆弱性在灾前已经存在，在灾中表现明显，在灾后很可能将继续甚至更深层次地长期存在。与之相比，掌权者、达官贵人和富有者在应对灾害时的优势甚为凸显，“因为这些人掌握着社会中的大部分政治资源、经济资源、文化资源以及其他社会资源，在必须逃避灾害的时候，他们可以动用各种资源以达到保护自己的目的”[①]。弱势群体缺乏上述必要的资源保护自己，因此也就不具备顺利脱离风险的基本条件。而生理性弱势群体就更缺乏生理上的自我保护和自我救助的能力。特别是处于生理弱势和社会弱势双重处境下的人们，往往会成为灾难的最大牺牲者。

灾后援救与恢复时期。灾害过后，政府和社会总会开展一系列的救援和安置工作，灾区人民也要开始艰辛的灾后重建和恢复工作。此时，生理性弱势群体由于其生理缺陷的“显性”可能更容易被人关注，相比之下，社会性弱势群体潜藏于社会的“隐性弱势”往往导致他们陷入更为孤立的境地。社会性弱势群体与社会发展相伴而生，与社会资源的不公平分配有直接而密切的关系。通常受体制性因素的影响，一些不适应变化的人群，他们手中掌握的能主宰自己命运的资源更少，在金钱、财产、经济权利、政治权力以及社会地位等方面均处于弱势，成为社会意义上的边缘人。从理论上说，社会救灾资源的供给对每个社会成员来说都应是公平的。但更多的研究者发现，灾后资源并非总是按照需求公平分配的，而是按照“相对优势法则”来分配的，那些在社会中拥有相对优势的群体和个人更有可能得到灾后支持。[②] 灾民们得到的各种正式援助与非正式援助往往与其自身拥有的社会资源有关，那些能更好利用社会网络资源的人能够更快地恢复元气，而那些在个人特征和社会网络的群体特征上均稍逊一筹的人则可能会长期处于萎靡不振状态。

---

① 文建龙，黄立平．生态灾害与弱势群体．四川环境，2007（2）．

② 赵延东．自然灾害中的社会资本研究．国外社会科学，2007（4）．

（3）灾害加剧贫富分化。

贫富两端的聚合度会在灾害下有所提高。弱势群体往往总是处在相对劣势的环境之中，这种环境不仅包括生态环境，还包括社会环境。越是弱势的人群，越是处于生态条件恶劣、经济状况差、政治诉求难以实现、文化落后、遭受社会歧视等不利环境之中，而这些不利环境又加剧了他们的弱势性。两者相互作用，造就了现在社会的不公平和贫富差距的“马太效应”。起点低“古已有之”，而灾害又成为加速贫困的“催化剂”。“穷者愈穷、富者愈富”残酷地将许多人排挤在其应得的资源之外。弱势群体在对稀缺社会资源的争夺中明显不如强势群体，政治权力、经济资源、文化权利、教育机会、社会支持等方面的弱势，使他们在社会系统中占据不了有利的位置。[①] 当灾害发生时，他们的脆弱性便会充分暴露出来，无法得到更多经济资源和社会网络资源的支持，最终导致更严重的贫困。

第二节　女性、儿童、少数族群与灾害

随着灾害研究在各种学科领域的进一步发展，以及世界各国灾害事件的频发，与经典的灾害研究中只将女性、族群、儿童等一些特殊群体作为一个分析变量不同，现代灾害社会学逐步针对这些群体进行了专门研究。

一、灾害与女性

（一）女性的灾害易损性

许多研究表明，女性在灾害发生后会在身体和心理上遭受到比男性更大的损伤。在灾后承压方面，不同性别在灾后所承受的压力不同，女性比男性承受更持久、更大的压力，婚姻状况、家庭组成结构、年龄、社会经济地位、健康状况、社会参与水平、对经历过的灾害危机的心理感受等这些结构性制

① 文建龙，黄立平．生态灾害与弱势群体．四川环境，2007（2）．

约因素会显著影响妇女的灾后受压程度。[①] 在心理影响方面，灾民的社会支持程度和对人生目的的明确性会在灾后降低，其中，女性的幸福感降低，而男性的社会支持感和人生目的意识上升，女性表现出更大的易损性。不过，与以往研究不同的是，女性社会角色和经济地位并不能解释这种差异。[②]

许多研究主要关注女性与女性群体中族群和收入的差异，认为女性中不同收入、种族等个体情况的差异会对受灾程度产生影响。有学者认为，收入因素是影响灾民灾后恢复的最重要因素，低收入者在灾后恢复中面临更大的困难，而性别又是职业生涯和收入差异的一个重要原因，老年独居女性的收入明显低于老年独居男性，她们所受到的经济约束、社会约束和生理约束都更大。在老龄化程度日益加深的情况下，当今政府（主要是联邦紧急事务管理局）的许多救灾举措仍无法满足她们的需求。[③] 然而灾害也给某些社会团体组织以及弱势妇女（低收入、受歧视种族等）带来了契机，在救援资金的支持下，社会团体组织能提供更好的灾后服务工作，弱势妇女能提高劳动技能并重新建立起新的人际关系。[④]

另一些研究则重点关注特殊背景的女性。例如，有研究发现，战争寡妇面临着社会地位迅速下降的处境：战争将受害家庭推向社会边缘，战后寡妇几乎不能维系其丈夫死亡以前的家庭地位，她们开始成为家庭的顶梁，原来一直缓慢持续的社会地位推进过程也在战后停滞了。大部分战争寡妇都认为自己脱离了原先的社会并被驱赶到了社会边缘，她们弱势的社会地位使其难以从社会网络中获得支持。不过，由于寡妇成了家庭的唯一主导，她们在家庭这一单位中对经济资源等各种资源有更大的处分权，因此她们个人职业生涯的地位可能会有所提升。[⑤] 一项研究关注受过家庭暴力的妇女在洪灾后的易

---

① Graham Tobin, Jane C. Ollenburger. Women, Aging and Post-Disaster Stress: Risk Factors for Psychological Morbidity. *International Journal of Mass Emergencies and Disasters*, 1999, Vol. 17, N. 3.

② Van Willigen, Marieka. Do Disasters Affect Individuals' Psychological Well-Being? An Over-Time Analysis of the Effect of Hurricane Floyd on Men and Women in Eastern North Carolina. *International Journal of Mass Emergencies and Disasters*, 2001, Vol. 19, No. 1.

③ Childers, Cheryl. Elderly Female-Headed Households in the Disaster Loan Process. *International Journal of Mass Emergencies and Disasters*, 1999, Vol. 17, No. 1.

④ Betty Hearn Morrow, Elaine Enarson. Hurricane Andrew Through Women's Eyes: Issues and Recommendations. *International Journal of Mass Emergencies and Disasters*, 1996, Vol. 14, No. 1.

⑤ Shamgar-Handelman, Lea. The Social Status of War Widows. *International Journal of Mass Emergencies and Disasters*, 1983, Vol. 1, No. 2.

损性。当灾害发生后，她们的救助需求比之前更多，而此时社会上所能提供的各种财政支持和服务支持都在减少，从而突显了社区应急工作的漏洞。①

有研究发现，女性由于生理和社会特点在救助站、家庭暴力庇护站、保健设施、住房安置等方面有特殊的需求，因此对于妇女当中的不同群体（低收入者、单亲母亲、失去孩子或家人等），要有相对倾斜的住房政策。②

另有学者以孟加拉洪灾为研究个案，发现女性比男性在灾后受到更大的损害，政府在制定反灾害决策过程时没有考虑到性别因素，而是仅仅提供保证基本温饱的应对措施，忽视了当地经济的恢复发展需求，特别是对灾后女性长期发展的经济基础缺乏重视，从而导致当地妇女在下次或其他灾害到来时表现出更高的易损性。③

（二）女性在防灾、减灾中的作用

与“女性作为易损性群体应得到更多的帮助”的观点不同，有些学者强调女性参与灾后重建的必要性，许多由女性领导的救灾组织发挥着重要作用。尽管参与这些组织的女性很少有人获得过大学学历，也很少有人接受过关于救灾方面的专业知识，但她们拥有极佳的洞察力和救灾实践技术，因此应充分发挥她们在灾后重建中的优势。④

女性在地震前有更多的风险沟通行为，与男性偏重于通过正式渠道获取风险信息不同，女性的灾前信息主要通过交谈、聊天等非正式渠道来获得，同时，她们会采取更充分的灾前准备。因此女性往往在灾害事件的社会网络沟通中发挥重要作用。⑤

---

① Fothergill, Alice. An Exploratory Study of Women Battering in the Grand Forks Flood Disaster: Implications for Community Responses and Policies. *International Journal of Mass Emergencies and Disasters*, 1999, Vol. 17, No. 1.

② Enarson, Elaine. Women and Housing Issues in Two U. S. Disasters: Hurricane Andrew and the Red River Valley Flood. *International Journal of Mass Emergencies and Disasters*, 1999, Vol. 17, No. 1.

③ Khondker, Habibul Haque. Women and Floods in Bangaladesh. *International Journal of Mass Emergencies and Disasters*, 1996, Vol. 14, No. 3.

④ Richard L. Krajeski, Kristina J. Peterson. "But she is a Woman and this is a Man's Job": Lessons for Participatory Research and Participatory Recovery. *International Journal of Mass Emergencies and Disasters*, 1999, Vol. 17, No. 1.

⑤ Major, Ann Marie. Gender Differences in Risk Communication Behavior Response to an Earthquake Prediction. *International Journal of Mass Emergencies and Disasters*, 1999, Vol. 17, No. 3.

有的学者关注到了女性在地方应急管理中的作用，认为女性在灾中和灾后恢复期，能担当起应急管理组织中的领导重任。不过，针对女性在地方应急管理中与男性有怎样的具体差异，女性中不同宗教、族群对在应急管理中有何影响等问题，尚有很大的研究空间。①

（三）灾害中的女性

关于灾害的文化反应。伊那森（Enarson）和伊莱恩（Elaine）基于红河谷洪灾的调查，从文化角度考察了女性对灾害的文化反应，女性倾向于用通俗而盛行的文化方式来表达自己的情感，并提出应将灾害幸存者当作积极的文化创造者来看待。②

关于对灾害的评估反应。迈克尔·鲍力瑟（Michael Paolisso）、阿曼达·里奇（Amanda Ritchie）和阿雷达·拉米雷斯（Aleyda Ramirez）这三位学者主要以洪都拉斯飓风和山体滑坡的个案为例，分析男性和女性在评估农作物和其他相关事物受灾程度方面有所不同，主要原因是男性和女性在劳动参与上存在性别分工的差异。③

有些学者将性别与社会阶级结合起来进行研究。例如，福德姆（Fordham）和莫林（Maureen）主要针对中产阶级和工人阶级这两个社会阶级进行分类研究，在受灾程度和灾后恢复方面，更细致深入地分析不同阶级中的性别差异和不同性别中的阶级差异。④

福瑟吉尔（Fothergill）和爱丽丝（Alice）通过文献综述，总结了性别、风险与灾害的关系：女性在灾前准备时期（危险意识、准备工作、预警信息交流与反应）、灾中时期（身体和心理影响、应急响应）、灾后恢复和重建时期均表现出差异。这主要归因于女性的育儿职责、贫穷程度、社会网络、传统角色、歧视和其他性别分层因素。他们认为将来的研究方向应该更注重理

---

① Wilson, Jennifer. Women and Local Emergency Management. *International Journal of Mass Emergencies and Disasters*, 1999, Vol. 17, No. 3.

② Enarson, Elaine. "We Will Make Meaning Out of This": Women's Cultural Responses to the Red River Valley Flood. *International Journal of Mass Emergencies and Disasters*, 2000, Vol. 18, No. 1.

③ Michael Paolisso, Amanda Ritchie and Aleyda Ramirez. The Significance of the Gender Division of Labor in Assessing Disaster Impacts: A Case Study of Hurricane Mitch and Hillside Farmers in Honduras. *International Journal of Mass Emergencies and Disasters*, 2002, Vol. 20, No. 2.

④ Fordham, Maureen. The Intersection of Gender and Social Class in Disaster: Balancing Resilience and Vulnerability. *International Journal of Mass Emergencies and Disasters*, 1999, Vol. 17, No. 1.

论工具的使用，使现象能够得到更理论化的解释。[①]

二、灾害与儿童、少数族群

（一）族群与灾害相关性的研究

关于灾后反应的族群差异。罗纳德·佩里（Ronald Perry）和迈克尔·林德尔（Michael Lindel）以黑人、白人和墨裔美国人这三类人为研究对象，实证研究表明，不同的族群对灾前预警信息发布主体的信任程度有差异，总体而言，白人更相信大众媒体的预警信息，黑人和墨西哥裔美国人则更依赖来自社会网络的信息，从而导致不同的族群产生不同的撤离行动。[②] 克莱尔·鲁宾（Claire Rubin）和里沙·帕尔（Risa Palm）也看到了灾后不同种族身份的人会有不同的灾害反应：他们以1987年美国加州惠迪尔纳罗斯（Whittier Narrows）地震为例，发现人们在灾后并没有出现严重的骚乱情绪，大部分人（主要指中产阶级家庭）在撤离时以家庭援助为首选（如私人住所或汽车旅馆）；而那些贫穷的、不能说流利英语的、多族群混居的大量外来移民会选择公共的收容所，实际上他们没能得到有效的援助。没有人或组织为这些移民提供相对卫生、安全的安置地，在政府制定长远减震措施的时候，也较少顾及这类群体。[③]

威廉·安德森则关注灾后非裔黑人社区的变化以及这些变化的影响。他们以卡特里娜飓风为例，指出灾后黑人社区出现了一些变化。首先是利益相关者在全国大范围内对灾后救助物资和服务要求进行动员；其次是社会内部本身存在的一些问题（如政府灾前准备不足、社会种族歧视等）在灾后表现得更为突出，因此利益相关者对社会变迁与公平的要求更为强烈。这些变化

---

① Fothergill, Alice. Gender, Risk, Disaster. *International Journal of Mass Emergencies and Disasters*, 1996, Vol. 14, No. 1.

② Ronald Perry, Michael Lindel. The Effects of Ethnicity on Evacuation Decision-Making. *International Journal of Mass Emergencies and Disasters*, 1991, Vol. 9, No. 1.

③ Claire Rubin, Risa Palm. National Origins and Earthquake Response: Lessons from the Whittier Narrows Earthquake of 1987. *International Journal of Mass Emergencies and Disasters*, 1987, Vol. 5, No. 3.

进一步表明，大灾害是社会政策转变和社会变迁的一个助推力。[①]

有的学者从文化角度看到了灾后难民的各种安置风险，包括被安置者内部族群之间的冲突、安置地疾病的传播、难民的安全感和归属感、难民与东道主邻居的关系等问题，认为灾后安置需要在这几方面加大工作力度。[②]

研究者在对海外救援政策进行研究时发现，某些国家在参与海外救灾时并没有出现对不同种族或族群的区分对待。例如，凡拜尔（Van Belle）和道格拉斯（Douglas）发现，美国一般都按人道主义原则分配海外灾害救援资源，美国政府还认真评估对受灾者提供援助的重要性。在美国外交政策和救援政策中，受灾者种族身份的差异并未成为一个显著变量。[③]

中国学者肖坤冰（2008）以汶川地震为例，考察灾难中“国族”与“族群”的关系和表现。她认为：在救援的初始阶段，小的族群边界被淡化，而更大的“国族”（或“中华民族”）被空前的激发和凸显出来。灾民中的任何一个族属都被视为“中华民族”的一分子。然而随着救援进程的推进，在原本一片模糊的族群背景中，具体的民族属性开始慢慢变得清晰起来，社会和媒体开始关注羌族文化的保护与传承问题，而对另外两个民族——藏族和回族的相关报道则较少。[④]

（二）灾害与儿童的研究

威廉·安德森从社会学的视角，提出要着重将儿童纳入社会科学灾害研究的视野，他们主要探讨以下三个问题：儿童的脆弱性以及各种不利影响（包括健康、教育、青少年就业、灾后恢复等方面）；成人为减少儿童的脆弱性所应采取的措施（包括减灾、备灾和风险沟通等方面）；儿童和青少年为降低对自身或他人的受灾程度所应采取的行动。这里要强调的是，儿童不仅仅是被动的受害者，他们还应在灾后恢复中有所作为，这包括形成正确的态度、

---

① William A. Anderson. Mobilization of the Black Community Following Hurricane Katrina：From Disaster Assistance to Advocacy of Social Change and Equity. *International Journal of Mass Emergencies and Disasters*, 2008, Vol. 26, No. 3.

② Collins, Andrew. Review of “Displacement Risks in Africa：Refugees, Resettlers and their Host Population”. *International Journal of Mass Emergencies and Disasters*, 2008, Vol. 26, No. 3.

③ Van Belle, A. Douglas. Race and U. S. Foreign Disaster Aid. *International Journal of Mass Emergencies and Disasters*, 1999, Vol. 17, No. 3.

④ 肖坤冰. 灾难中的“国族”与“族群”. 广西民族大学学报（哲学社会科学版），2008（7）.

价值观、规范等各种文化形态，促进风险沟通形式的完善，主动参与减灾和备灾的活动，积极进行灾后回应，等等。①

有些学者通过对土耳其科卡里地震后不同性别和年龄阶段儿童的伤残情况的调查发现，女孩更容易受到来自灾害的致命伤害，年龄较小的孩子（10岁以下）由于家长的更多保护和关注而伤残程度相对较小；而15～19岁的孩子由于有更强的自我保护能力，其伤残程度也相对较小；10～14岁的孩子伤残程度最高。因此，作者提出，在灾害来临时，要平衡好家长的看护和对孩子自救能力的预期，以期最大限度地减少孩子的伤残程度。②

中国学者孔令帅（2008）也关注到了灾后儿童的生活和心理状况，他分析了卡特里娜飓风中美国政府在组织撤离方面、庇护所提供方面、心理干预方面的经验教训，认为卡特里娜飓风暴露了美国儿童心理健康制度的脆弱性，美国政府对灾难准备不足，政府与民众之间交流的严重缺乏。我国在儿童灾前预防、疾病预防、心理干预方面应充分借鉴美国的经验和教训。③

关于灾害各阶段中对儿童的救助，一些学者重点分析了外界因素所起的作用。石娃库（Shiwaku）和光一（Koichi）基于对尼泊尔学校灾害教育的调查，发现由于个人经历和风险意识等差异，教师的灾害教育水平参差不齐，而教师在增强学生整体灾害意识方面的作用又很大，因此提出，增强对教师的灾害培训是提高灾害教育水平的关键。④ 另一些学者对25家儿童地震看护中心进行了细致深入的调查，认为看护中心存在的问题主要有：地震防备措施不完善、一些室内设置存在安全隐患、看护人员业务水平欠缺等。这些都成为影响地震防灾中儿童专业看护的重要因素。⑤

灾害社会学应该是一个系统化、科学化的学科。目前，我国对灾害社会学的研究仍处于探索阶段，关于灾害与弱势群体的研究有一些相关文献，但很分散凌乱，没有对此进行比较系统的概括和论述。与之相比，国外的研究

① William A. Anderson. Bringing Children into Focus on the Social Science Disaster Research Agenda. *International Journal of Mass Emergencies and Disasters*, 2005, Vol. 23, No. 3.

② Linda Bourque, Kimberly Shoaf, Marizen Ramirez, et al. Child and Household Factors Associated with Fatal and Non-Fatal Pediatric Injury during the 1999 Kocaeli Earthquake. *International Journal of Mass Emergencies and Disasters*, 2005, Vol. 23, No. 2.

③ 孔令帅．灾难与儿童：美国卡特里娜飓风的教训．中国青年研究，2008（8）．

④ Shiwaku, Koichi. Promotion of Disaster Education in Nepal: The Role of Teachers as Change Agents. *International Journal of Mass Emergencies and Disasters*, 2006, Vol. 24, No. 3.

⑤ Ellen Junn, Diane Wright Guerin. Factors Related to Earthquake Preparedness among Child Care Professionals: Theory and Policy Implications. *International Journal of Mass Emergencies and Disasters*, 1996, Vol. 14, No. 3.

相对成熟，学者们将受灾对象根据性别、年龄、种族、贫富程度等进行划分来进行分类研究，还有不少学者将这些变量的相互影响考虑在内进行综合研究。经典的灾害研究中一般只将女性、族群、儿童等一些特殊群体作为一个分析变量，而现代灾害社会学逐步针对这些特殊群体进行了专门的研究。大多研究认为，女性、儿童、老年人、穷人、受歧视族群在灾中应对和灾后恢复中表现出更大的易损性，他们掌握的社会资源相对匮乏，导致灾害自救能力和恢复能力都较弱，因此需要更多针对其生理特点或社会特点的外界援助，包括经济援助和精神援助。随着全球灾害的频频发生，许多可预知或不可预知的新问题都有可能不断出现，灾害社会学尤其是灾害与受灾对象的研究还会继续向纵深方向发展。

本章学习要点

社会分层造就了社会弱势群体，弱势群体主要分为自然性弱势群体、生理性弱势群体和社会性弱势群体。

自然灾害与弱势群体关系尤为密切，弱势群体在自然灾害中表现出更大的易损性。

国内外许多研究表明，女性在灾害中表现出更大的易损性，同时，女性在防灾减灾中也能发挥其特有的优势。

不同族群在灾后有不同反应，受灾程度也有差异。

儿童在灾后身体和心理上遭受的伤害明显高于成年人，儿童的防灾教育尤为重要。

关键术语

社会分层　灾害易损性　弱势群体

补充读物

1. 郭跃. 自然灾害的社会易损性及其影响因素研究. 灾害学，2010（3）.

2. 姜彤，许朋柱. 自然灾害研究的新趋势——社会易损性分析. 灾害学，1996（6）.

思考题

1. 灾害易损性与社会阶层有怎样的关系？

2. 总结国外对于灾害与性别、族群、年龄关系的研究特点。

第七章　灾害冲击与心理救助

本章概述

阐释灾害对不同群体造成的心理冲击；介绍国内外灾害心理救援的发展状况和中国心理救援机制的建设。

人类的社会历史是多灾多难的历史，人类社会历史的发展遭遇着各种各样的自然或人为灾害的侵扰。中国是世界上遭受灾害最严重的国家之一，据2000年的统计数据显示，在一般年份里，中国因各类自然灾害及人为事故导致的受灾人口平均每年高达2亿人左右，近年来，随着天灾人祸的频繁发生，这一数字有上升趋势。灾害发生的突发性、不可抗拒性、破坏性等特征不仅会造成重大的经济损失，而且会给人们的精神和心灵造成巨大的冲击，产生心理上的“废墟”和不平衡状态，从而导致心理危机的出现。重视灾害对人的心理冲击，积极展开灾后的心理救助对维护和促进人类身心健康具有重要的意义。

第一节　灾害对人的心理冲击

突如其来的自然及人为灾害对人们的心理造成巨大的冲击，使人们产生弥漫性痛苦并引发一系列应激反应。如果灾害的刺激超出了人们的承受能力，就会引起个体极度紧张、焦虑、忧郁等精神状态，从而引发心理危机。

一、认识灾害心理危机

（一）心理危机的概念解析

心理危机理论起源于社会精神病理学、自我心理学和行为学理论。它最早由林德曼（Lindemann，1944）提出，以后由卡普兰（Caplan，1964）进行补充和发展，至今已形成了很多关于心理危机的理论。

被视为心理危机干预始祖的美国心理学家卡普兰首次提出心理危机的概念。他认为，当一个人面临困难情境，而他先前处理问题的方式和惯常的支持系统不足以应对眼前的困境时，其原有的心理平衡就会被打破，内心紧张不断积蓄，继而出现无所适从甚至思维和行为的紊乱，产生的暂时心理失衡状态就是心理危机。[①] 在卡普兰提出心理危机的概念之后，很多学者开始关注此领域并开展了广泛深入的研究。

查普林（Chaplian，1968）主编的《心理学词典》指出，心理危机是“存在重大心理影响的事件和决定”[②]。罗伯茨（Roberts）认为危机是心理失去平衡时个体遇到由重大问题所导致的危急后果，或者处于危机情境之中，而无法采用以往的应对策略来应对此情境。[③] 米歇尔和拉斯尼克（Mitchell & Resnik，1981）认为心理危机是一种情感紊乱状态，也可以是情感上的重大事件，该事件可以作为人生变好或变坏的重要转折点。[④] 普努克鲁（Punukollu，1991）认为心理危机是指个体运用寻常应付方式不能处理目前所遭遇的内外部应激时所发生的一种反应。[⑤]

中国学者从20世纪90年代起开始关注心理危机，对心理危机的概念也给出了许多界定。史占彪等认为，心理危机是指个体无法用现有资源和惯常应对机制来处理事件和遭遇，如果不能得到及时控制和缓解，就会导致人们

---

① G. Caplan. *Principles of Preventive Psychiatry*. New York：Basic Books，1964. 89.

② J. P. Chaplin. *Dictionary of Psychology*. New York：Dell Pub. Co.，1968. 86.

③ J. E. Roberts. Vulnerable Selfesteem and Depressive Symptoms：Prospective Findings Comparing Three Alternative Conceptualizationg. *Journal of Personality and Social Psychology*，1992，Vol. 62.

④ J. Mitchell，H. L. P. Resnik. *Energency Response to Crisis*. Maryland：RJ Brady Co.，1981. 20 – 35.

⑤ N. R. Punukollu（ed.）. *Recent Advances in Crisis Intervention*. Huddersfield：International Institute of Crisis Intervention and Community Psychiatry Publications，1991. 25 – 36.

在认知、情感和行为上出现功能失调现象。[①] 段鑫星等把心理危机分为静态和动态两种。静态主要表现为个体运用惯常的应对方式无法处理所面临的困境时的一种不平衡心理状态；动态则强调心理危机是一种心理过程，是个体发展中原有平衡状态被打破，而新的平衡没有建立的过程。心理危机的动态和静态在一定条件下会相互转化。[②] 邱鸿钟等认为，心理危机一般是指个体或群体面临突然的或重大的生活挫折或公共安全事件时，既无法回避，又无法用通常解决应激的方式来应对所出现的心理失衡状况。[③]

尽管国内外学者对心理危机概念的具体表述上存在差异，但综合来看，心理危机的概念涉及以下方面：①重大的心理应激，这种应激使个体采用惯常的方法无法应对眼前的困境；②心理危机是一种不平衡的心理状态；③心理危机表现为人们在认知、情感和行为上出现功能失调。

根据布拉默（Brammer，1987）的应用危机理论，心理危机可以分为正常发展性危机、境遇性危机和存在性危机三种。[④] 正常发展性危机是指在正常成长和发展过程中，急剧的变化或转折所导致的异常反应。如孩子出生、大学毕业、中年生活改变或退休等都会导致发展性危机。境遇性危机是指当出现罕见或超常事件，且个人无法预测和控制时出现的危机，如交通意外、突发疾病或死亡等。境遇性危机具有随机性、突发性、震撼性、强烈性和灾难性。存在性危机是指伴随着重要的人生问题，如关于人生目的、责任、独立性、自由和承诺等出现的内部冲突和焦虑。它可以是现实的，也可以是基于后悔或基于一种压倒性的、持续的感觉。

本书所述灾害心理危机主要是指各种自然或者人为灾害导致的境遇性危机。地震、火山、洪水、疾病等灾害都会使人们陷入困境，给人们带来严重的心灵创伤，致使出现境遇性心理危机。

（二）灾害心理危机的演变

心理危机是一个过程。泰霍斯特（Tyhurst，1957）将心理危机过程分为三个阶段。①作用阶段：应激事件对当事者的直接影响是明显的，通常表现

---

① 史占彪，张建新．心理咨询师在危机干预中的作用．心理科学进展，2003（4）．

② 段鑫星，程婧．大学生心理危机干预．北京：科学出版社，2006. 9.

③ 邱鸿钟，梁瑞琼．应激与心理危机干预．广州：暨南大学出版社，2008. 16.

④ B. E. Gilliland，R. K. James. 危机干预策略．肖水源等译．北京：中国轻工业出版社，2000. 22～23.

为极度恐惧、激动或悲伤，甚至会表现出惊呆、茫然或目瞪口呆。②退却阶段：尽管应激事件已过去，但当事者仍表现出自身固有的反应及心理防御方式。③创伤后阶段：当事者觉察到其自身的反应方式并着手关注今后的打算，但仍依赖于他们与周围的相互作用和有关的社会支持或资源。[①]

卡普兰认为，处于危机中的个体要经历四个阶段：第一阶段，当一个人感受到生活的突然变化时，内心的基本平衡被打破，表现为警觉性提高，开始感觉到紧张，他会试图用惯常的策略作出反应以恢复平衡。处于这一阶段的当事人多半不会向他人求助。第二阶段，经过努力，个体发现惯常策略未能奏效时，焦虑度增加。为寻找新解决办法，他开始尝试新的方法以解决问题。在这个阶段，当事人开始有求助动机。第三阶段，经过尝试新方法仍未能有效解决问题，当事人内心紧张程度持续增加，并想方设法去寻求和尝试新的解决办法。在这一阶段，他的求助动机最强，常不顾一切，不分时间、地点、场合和对象地发出求助的信号，甚至尝试过去认为是荒唐的方式，也最容易受到他人暗示的影响。同时，在这个阶段，当事人会采取一些异乎寻常的无效行动宣泄紧张的情绪，如酗酒、不规律饮食等，这些行动不仅不能解决问题，还对当事人身心健康造成严重损害。第四阶段，如果当事人经过前三个阶段仍未能有效地解决问题，就容易产生习惯性无助。他会对自己失去信心或者希望，甚至对整个生命意义发生怀疑和动摇。很多人正是在这个阶段中企图自杀。同时，强大的心理压力可能触发以前未完全解决的曾被各种方式掩盖的心理冲突。在这个阶段，当事人特别需要外援性帮助以渡过危机。[②]

弗朗斯（Kenneth France）则将危机分为三个阶段，即冲击阶段、应付阶段和退缩阶段。[③] 这里的三个阶段分别与卡普兰所说的四个阶段大致相应。

可见，当事者陷入心理危机是一个逐渐发展的过程，在个体心理失衡的历程中也伴随着许多成长机会，并且面对灾害，尽管我们难免会不同程度地体验到内心的失衡，但并非人人都会被摧毁。心理学研究表明，绝大多数人在经历心理危机后能够自我恢复，并获得成长，少数人会陷入心理障碍。一

---

① 刘新民．重大灾难性事件的心理救助——突发事件心理救援与心理救助手册．北京：人民卫生出版社，2008. 21.

② G. Caplan. *Principles of Preventive Psychiatry*. New York：Basic Books，1964. 18 – 26.

③ Kenneth France. *Crisis Intervention*（Forth Edition）. Springfield Ⅲ：Charles C Thomas Publisher，LTD，2003. 7 – 14.

些学者认为，灾难心理危机会经过以下几个阶段的演变：

1. 冲击阶段

在灾害发生当时或者过后不久，灾害事件的突然出现对个人造成强大的冲击力，使个体感到震惊、恐惧、焦虑甚至一时的木然。如果刺激过大，就会使人极度恐慌或歇斯底里，即“类休克”状态。有研究发现，在地震发生时，22.7%的人会立即躲到床下、桌子下或炕沿下，47%的人跑出房外，2.2%的人跳出楼外，而28%的人坐着不动，听天由命。①

2. 防御阶段

人们在经历第一阶段后，心理反应逐渐缓和，开始努力恢复心理的平衡，控制焦虑的情绪，并采取措施进行防御。此阶段的防御措施既包括坚持、升华等积极反应，也包括否认、攻击、逃跑、退缩等消极反应，还包括转移、合理化、投射等中性的反应。而当事者所选择的防御机制积极与否直接关系到心理危机能否得到顺利解决。

3. 解决阶段

这一阶段通常发生在对灾害事件进行干预和处理之后，此时当事人恢复到日常的生活环境之中，他们能够积极采取各种办法接受现实，并努力寻求各种资源设法解决问题，焦虑减轻，自信心增强，各种社会功能也得以恢复。

4. 成长阶段

在经历了灾害危机后，多数人在困境中逐渐走向成熟，不仅获得了处理困境的新方法，而且整个心理健康水平得以提高。但仍有少数人采取消极应对的方式，出现了不良的心理和行为。②

（三）心理危机的结局

由灾害事件引起的心理危机状态不会一直持续下去，一般认为心理危机大多会在1~6周消失。但在危机作用阶段，由于处理危机的手段不同，个体的人格特质不同，所获得的社会支持不同，以及灾害本身的差异等，当事人心理危机的结局也会有所不同。一般而言，心理危机会产生四种结局：①在危机中成长。当事人不但顺利渡过危机，而且学会了处理危机的方法和策略，

---

① 刘新民．重大灾难性事件的心理救助——突发事件心理救援与心理救助手册．北京：人民卫生出版社，2008. 24.

② 王丽莉．突发事件心理救援体系的建设．北京：中国社会出版社，2009. 28~29.

整个心理健康水平得到提高，个体在危机中得到成长。这是危机发展的最佳结局。②留下心理创伤。危机虽然过去了，但并没有完全恢复，当事人心理上留下了一定的阴影，这在一定程度上会影响今后的日常生活和对社会的适应。③自杀。当事人忍受不住强大的心理压力，对未来失望，企图以结束生命来寻求解脱。④产生精神疾病。当事人未能渡过危机，由于应激反应的持续时间过长，经不住危机事件的强烈刺激，从而导致严重的心理障碍甚至精神疾病。[①]

二、灾害对不同群体的心理冲击

灾害的产生不仅会对直接的受灾者造成严重的心理创伤，随着灾害事件影响的传播，许多非直接受灾区域的公众也会随之受到影响。戴安·迈尔斯（Diane Myers）在描述灾难对社会及人们的影响时指出：从某种程度上说，每一个见证到灾难的人都是受难者。[②] 因此，即使是通过媒体或二手消息间接了解灾害事件的人也可能会出现替代性心理创伤。根据灾害对人们心理影响程度的不同，我们把受灾害心理冲击的群体大致分为以下三类：

1. 直接受害者

这一类人群是指与灾害零距离接触的人，主要包括灾害事件的幸存者和罹难者家属。

在一定意义上说，作为直接受到伤害但从灾害中存活下来的人——幸存者所受到的心理冲击最大。幸存者在经历生死浩劫后，往往会出现恐惧、无助、悲伤等负面情绪，他们担心灾害再次出现，心理上陷入极度不安全状态。尤其是因灾致残者，身体和心理的双重打击更让他们产生心理障碍，对未来产生绝望甚至自杀。根据霍奇金森和斯图尔特（Stewart and Hodgkinson，1991）的研究，在经历重大灾害事件后的幸存者可能会面临以下五种心理体验：①死亡的印记：尤其是对于目睹亲人死亡却无力营救的存活者而言，死亡意象会长期盘踞在脑海，加大对幸存者的心理冲击。②自我罪疚感：面对亲人的死难，幸存者大多表现出强烈的内疚感，容易陷入“假如”的牛角尖。

---

① 龙迪．心理危机的概念、类别、演变和结局．青年研究，1998（12）．

② Diane Myers. *Disaster Response and Recovery*：*A Handbook for Mental Health Professionals.* Rockville：Center for Mental Health Services，1994. 43－45.

这种罪疚感加剧了他们的自我无助感，从而改变其自我概念与人生观。③心理的麻木：作为一种心理防御机制，短期的反应会降低其心理痛苦和身心冲击，但长期的否认与压抑会造成更大的心理困扰，但并非所有的幸存者都会产生心理麻木现象。④关爱的冲突：对灾害事件的重复描述、诉说更加深自己幸存的愧疚，从而对外界的关爱产生趋避的冲突。⑤意义的追问：它涉及幸存者对生命意义的重构和新生活的开展，“活出意义来”是他们的终极目标。[①] 伴随着这些心理体验，幸存者往往在短期内产生急性应激障碍（ASD），如果得不到及时有效的疏导，则有可能造成长期的甚至是永久的创伤，逐步蔓延成长期的创伤后应急障碍（PTSD）。资料显示：重大灾害如飓风、地震、“9·11事件”等幸存者的应激行为，在灾后有20%～30%的人发生ASD，而灾后6个月有28%～36%的人出现PTSD。[②] 根据凯瑟琳（Catherine）的研究结果，在印度尼西亚海啸后的2周内，约有22%的人符合ASD的诊断标准，在灾害后的6个月内有30%的人符合PTSD的标准。[③] 此外，墨西哥地震后，约有30%的幸存者出现PTSD症状；亚美尼亚地震发生后的3～6个月，幸存者中患PTSD的比例高达74%。[④] 可见，灾害对于幸存者的心理冲击是极其重大的。

失去亲人的罹难者家属同样也会受到巨大的心理冲击，他们面对灾难时不仅会出现恐惧、焦虑情绪，还要承受失去亲人的巨大痛苦。当自己的亲人遇难时，罹难者家属会陷入无比悲痛之中，不同程度地出现情感、认知等方面的障碍，产生异常行为，甚至导致精神崩溃或者出现自杀倾向。根据5·12地震后心理危机干预的调查报告，有直系亲属遇难的丧亲者比无直系亲属遇难的丧亲者更容易产生强迫、回避、默然、自杀、自责等不良情绪反应。[⑤] 同时，一些研究表明，在配偶或其他近亲死亡后的一段时间，丧亲者的

---

① 刘新民．重大灾难性事件的心理救助——突发事件心理救援与心理救助手册．北京：人民卫生出版社，2008. 25～26.

② 姜丽萍等．桑美台风灾害对幸存者心理影响的定性研究．中国心理卫生杂志，2008（12）．

③ Catherine So-kum. Trajectory of Traumatic Stress Symptoms in the Aftermath of Extreme Natural Disaster: A Study of Adult Thai Survivors of the 2004 Southeast Asian Earthquake and Tsunami. *The Journal of nervous and Mental Disease*, 2007, Vol. 195.

④ 马建青，王东莉．震后心理援助指南．杭州：浙江大学出版社，2008. 59.

⑤ 沃建中．灾后心理危机研究——5·12汶川地震心理危机干预的调查报告．北京：北京航空航天大学出版社，2008. 62～65.

死亡率会增高，尤其是在头 6 个月，他们出现其他生理疾病的概率也会增加。[①]

在丧亲者中，有许多是心智尚未成熟的孩子。儿童的心理、认知和行为还不成熟，其应对灾害事件的能力相对较弱，因而更容易受到灾害的心理冲击。面对亲人的离去，丧亲儿童会出现哀伤反应，而这种哀伤与儿童对死亡的理解能力有关。3~5 岁的儿童可能会否认死亡的事实而只关心他们自己的需要；5~9 岁的儿童已经能明白身体的死亡不能复生，但不能理解死亡的生理意义，所以会产生许多死亡的想象；9 岁以上孩子对死亡有了完整的了解，这种了解会增加他们对死亡的恐惧。[②]

2. 灾害救援者

这类人群主要是指亲临灾害现场的一线救援人员，主要包括政府指挥人员、医护人员、广大官兵、媒体人员、心理救援人员及志愿者等。

救援人员是灾害的直接目击者，他们在目睹了大量悲惨、破坏性场景或者耳闻受灾者遭遇的心理创伤后，其身心状态会受到极大的冲击，从而使部分工作者替代性地经历了灾区群众所经历的痛苦，形成“替代性心理创伤”。[③] 对于救援人员而言，他们不仅仅面临来自灾难本身的压力，还面临长时间超负荷工作等职业方面的压力，再加上如角色冲突、组织冲突等组织方面压力源的影响，他们所受到的心理冲击是不容忽视的。一般而言，面对突如其来的灾害，救援人员的心理会经过四个阶段：第一阶段，兴奋期，工作热情很高，怀着过高的希望投入到工作之中，并存在一定的好奇心理。第二个阶段，当他们真正面临灾害的残酷时，不敢或者不愿相信，从而进入质疑与否认期。第三个阶段，进入持续的恐惧和害怕之中。到第四个阶段，就表现为感情反应迟钝、麻木、行为回避、社会性退缩等，而这种情绪的麻木、行为的回避恰恰是他们的心理创伤得以持续的原因。[④] 如果救援人员不能及时

---

① Stroebe, W. & Stroebe, M. Determinants of Adjustment to Bereavement in Younger Widows and Widowers. In: Stroebe, M., Stroebe, W. & Hansson, R. O. (eds.). *Handbook of Bereavement: Theory, Research and Intervention*. Cambridge; New York: Cambridge University Press, 1993.

② 刘新民．重大灾难性事件的心理救助——突发事件心理救援与心理救助手册．北京：人民卫生出版社，2008. 58~59.

③ 刘新民．重大灾难性事件的心理救助——突发事件心理救援与心理救助手册．北京：人民卫生出版社，2008. 62.

④ 张侃，张建新．灾后心理救援名家谈．北京：科学出版社，2009. 86~87.

了解并调整自己的压力源，当压力堆积到一定程度时，不仅会导致职业倦怠和耗竭、社会性退缩、集中注意力和决策困难等问题，还会因救援任务本身的影响而出现绝望、软弱、内疚和羞耻等心理，严重影响救援人员的身心健康。

研究表明，在2008年的4·28胶济铁路事件中，现场救援人员存在较大的心理行为问题，接近半数的救援人员会惊恐、噩梦、睡眠困难、焦虑和紧张，1/3的人会反复思考、震惊反应、头痛、疲乏感和情绪沮丧，同时ASD的临床检出率为28.8%。[①] 灾害事件对救援人员的心理冲击并不是短期内就能消除的，在救灾结束很长时间后，救援人员仍会出现不同程度的心理障碍。有人研究发现：在空难的8.5年后，当时参与救援的消防人员和警察等仍存在较多的疲劳、睡眠紊乱等生理症状，同时存在着如焦虑、抑郁、注意力集中困难以及PTSD症状。[②] 汶川地震之后，更是有无数的救援人员出现不同程度的心理问题。因此，灾害对救援人员的心理冲击不容忽视，对他们进行及时的心理疏导具有重要的意义。

3. 一般的公众

这类人主要是指其他与灾害有关的人员，包括间接得知事件信息的一般民众。

这部分人群通过电视、网络、报纸等媒介间接了解灾害事件后，可能会将看到的或听到的他人的灾难感同身受起来，从而也会产生替代性心理创伤。虽然他们没有亲身经历灾害，未失去亲友，但经由媒体的报道或亲友的转述也会在其内心蒙上阴影，因此引发一些心理问题甚至出现行为方式的变化。

据研究，美国9·11恐怖袭击事件之后，心理治疗专家曾对纽约8 300名9~18岁的儿童以及2 000多名成年人进行调查，结果显示有数以千计的儿童和成年人因恐怖袭击而产生心理阴影，产生恐惧、抑郁、沮丧、孤独、麻木等心理困扰，并且表现为酗酒、逃学、噩梦等症状。专家们由此推断，仅在纽约地区，就有多达50万人出现了异常心理，至于在全国范围，这一人数则

---

① 任清涛．突发灾难性事件中现场救援人员心理危机干预的前瞻性研究．山东大学硕士学位论文，2009.

② Witteveen, Anke B., et al. Psychological Distress of Rescue Workers Eight and One-Half Years After Professional Involvement in the Amsterdam Air Disaster. *Journal of Nervous and Mental Disease*, 2007, Vol. 195.

可能超过 400 万。[①] 而美国研究人员对 200 名居住在千里之外的美国人脑部测试的结果也表明，在观看 9・11 报道后，他们的脑部灰质（使人更敏感脆弱）明显增加。

在中国，汶川地震之后，全国上下都对这一重大灾害进行了高度的关注，对灾害的长期关注也容易导致人们负面情绪的出现，如一看到报纸、电视上关于灾情的报道就心烦意乱，难以忍受各种悲痛场景的出现。不少公众受到心理冲击，产生替代性创伤反应，创伤画面不断在脑海回放，感觉紧张、焦躁等。还有一些易感性较高的群体，面对悲惨的场面，情绪一直低落，甚至对未来丧失希望和信心。可见，灾害对一般民众同样会造成一定的心理冲击，也需要对他们进行心理救助。

第二节　灾害事件心理干预与救援

历经地震、台风等自然灾害以及恐怖事件、战争等人为灾害的冲击，发达国家及地区的灾害心理救援体系已日臻完善和成熟。相比之下，中国的灾害心理救援机制起步较晚，还存在着诸多的问题与不足。比较与借鉴国外的相关经验，充分发挥中国政府、心理援助专业人员以及社会支持系统等各方力量在心理救援中的作用，对于有效地进行灾后心理干预、构建完善的心理救援机制有着重要的意义。

一、国外灾害事件的心理救援

（一）美国的灾难心理卫生服务

美国是最早在重大灾难后开展心理危机干预的国家。从 20 世纪中期开始，美国国家心理卫生署（NIMH）就开始着手制订灾难受害者服务方案，资助有关重大灾难的社会心理反应研究。美国官方灾难心理卫生服务始于 20 世纪 70 年代，1974 年美国联邦应急管理局（FEMA）资助了一项灾难危机干预项目，由美国心理卫生服务中心（CMHS）紧急服务及灾难救援项目组（ES-

① 邱慧萍．灾难性危机事件的心理干预．江西农业大学学报（社会科学版），2004（1）．

DRB）负责。1978 年，美国国家心理卫生署出台了《重大灾难人类服务训练指南》，这是美国政府最早发布的有关心理康复的指南。经历多次灾害冲击，尤其是在经历了 9·11 恐怖事件之后，美国的灾害心理卫生服务体系日渐成熟。

美国的灾难心理卫生服务是国家灾难医疗系统的服务项目之一。目前，与联邦灾难心理救援系统相关的主要有三个部门：①卫生与公共服务部（DHHS），其下设的公共卫生署（PHS）是灾难医疗服务的领导机构，其下设的两个机构承担了灾害心理救援的任务。一是心理卫生服务中心（CMHS），其紧急服务及灾难救援项目组（ESDRB）主要为灾难受害人提供及时、短程的危机咨询，以及情绪恢复的伴随支持等服务。二是药物滥用和精神保健局组建的多个灾难医学救援小组，每一小组由包含心理专业在内的 30 多名专业志愿人员组成，为受灾者提供服务。②联邦应急管理局（FEMA），它长期资助开展危机咨询项目，为灾害受灾者提供心理卫生服务。③退休军人事务部（DVA），其下属三个系统（紧急卫生保健组 EMSHG、国立创伤后应激障碍中心 NCPTSD 以及重新调整咨询署 RCS）与灾害心理卫生服务密切相关。国立 PTSD 中心还与重新调整咨询署联合开展了灾难心理卫生项目，组织专业培训，组建反应网络，并联合其他组织机构一起为灾难受害者提供心理卫生服务。除上述联邦一级的政府管理部门外，州一级政府的心理卫生主管部门及其心理卫生服务机构也是灾难心理卫生服务网络的组成部分。[①]

除政府组织外，美国的许多非营利的社会团体、学术组织、宗教组织和高等院校也积极参与灾难心理卫生服务，如美国红十字会，美国心理学会，美国社会工作者协会，各高等院校的医学院、心理系、社会工作系以及一些宗教组织等。[②] 此外，美国的灾难心理卫生服务还具备较为完善的辅助支持系统，尤其是形成了包括人员筛选、人员培训等在内的成熟的人力资源系统建设。

（二）日本的灾害心理救援

日本是一个地震灾害频发的国家。近年来，每年平均有 800 多次大大小

---

① 钱铭怡，张黎黎．美国重大灾难及危机的国家心理卫生服务系统．中国心理卫生杂志，2004（6）．

② 钱铭怡．国内外重大灾难心理干预之比较．心理与健康，2005（4）．

小的地震发生在日本，除此之外，海啸、台风、水灾等自然灾害在日本也时有发生。早在1961年，日本政府就出台了《灾害对策基本法》，之后又陆续出台各种法律法规，构成了完善的防灾减灾法律体系，其中明确指出了心理救援在灾后救援中的重要作用。在1995年阪神大地震后，日本对《灾害对策基本法》进行了修订。[①]

日本灾害心理救援的一个重要方面是灾难危机教育。日本的灾难危机教育首先是从学校做起，日本的教案和教材中，均涉及危机教育。同时，政府加大了对全体国民的防灾意识和提高生存能力的宣传教育力度，并设立全国性的防灾教育日，如“全国防灾日”、“防灾和志愿者日”以及“防灾和志愿者周”等，进行全国各地的防灾演习。此外，日本的电视等媒体也经常播放防灾类节目，以增强国民应对危机的能力。值得注意的是，在这些活动当中，始终贯穿着对灾害心理危机的认识和应对。

在经历多次重大灾害后，日本在灾害心理救援方面积累了丰富的经验。在灾害危机事件发生后，一般最先到场的是消防人员、新闻记者和心理咨询人员。日本的灾后心理援助分为三个阶段：灾后早期应对（灾后2～3天之内）、灾后初期应对（灾后2～3天之后的几个月）、灾后心理重建时期。其中在第二阶段，救援人员除了给受灾者很大安慰外，还设置心理援助救护站，并开设受灾者专用心理救助热线电话，以更好地满足灾民的心理需求。[②] 此外，灾后长期的心理援助也受到了政府的极大重视，他们定期派专家为幸存者提供免费的心理咨询和心理知识讲座，定期走访老龄人等。在1995年的阪神大地震后，受灾严重的兵库县开始了长达10年的重建工程“不死鸟计划”，包括“紧急—应急对应期”、“复旧期”、“复兴前期”和“复兴后期”四个阶段。日本政府建立了心灵创伤治疗中心，并设置心灵创伤治疗研究所，对心灵创伤及创伤后应激障碍等进行调查研究。心理工作者还在受灾地区中小学设置“教育复兴负责教员”及“学校个人生活指导员”，并通过与家长及相关机构紧密合作，对学生进行心理创伤救助。[③]

---

① 张侃．国外开展灾后心理援助工作的一些做法．求是，2008（16）．

② 王丽莉．突发事件心理救援体系的建设．北京：中国社会出版社，2009．61～63．

③ 张侃．国外开展灾后心理援助工作的一些做法．求是，2008（16）．

（三）其他国家的心理救援

英国的灾难及突发事件的应急反应计划分为郡和国家两个水平。当灾难发生时，一般先启动郡一级的反应，在统筹管理基础上，组建由专业人员参与的灾难心理—社会反应小组，负责为受害者及家属提供个体或小组的辅导服务；然后根据灾情启动由内政部和卫生部组织的国家级的反应。①

新加坡的灾难心理卫生服务工作实践，始于1986年的“新世界酒店事件”后专业人员对幸存者的干预。1994年，内务部与卫生部联合组建了国家应急行为管理系统，为灾难受害者提供医疗及心理卫生服务，并管理社区压力。该系统由首席应急行为官（EBO）领导，下设应急行为管理委员会，由卫生部等9个有关政府部门参加，现已拥有1 000多名经过专门严格培训的EBO。这种适应其国情的多部门协调参与的集中服务模式，在随后的多次实践中被证明是快速有效的。②

二、中国的灾害事件心理救援

中国是一个灾害发生频繁的国家，但长期以来救灾更看重物资和医疗救助，对于心理救援很少有人提及。1992年，中国心理卫生协会危机干预专业委员会成立，北京、南京、杭州等城市陆续成立了政府财政支持的灾后精神干预中心。1994年克拉玛依大火后，北京大学精神卫生研究所的专家应邀参与对死难者家属及一些伤员的心理救援工作，这是我国首次开展的灾后心理创伤干预工作的尝试。这次干预是在没有任何现成经验可以借鉴的情况下，专家们凭借自己的咨询经验以及国外的相关参考资料摸索完成的。这次心理干预的尝试为以后的灾害心理救援提供了宝贵的经验。之后，在1998年长江流域大洪水、1998年张北地震、2000年洛阳火灾、2002年大连空难等灾害事件中，我国都开展了灾害心理救援工作。2002年4月，由卫生部、民政部、公安部和中国残疾人联合会联合下发的“中国精神卫生工作规划”明确提出

---

① Gwen Adshead, Raehel Canterbury, Suzanna Rose. Current Provision and Recommendations for The Management of Psycho-Social Morbidity Following Disaster in England. *Disaster Prevention and Management*, 1995, Vol. 4.

② F. Y. Long. Psychological Support in Civil Emergencies: The National Emergency Behavior Management System of Singaporel. *International Review of Psychiatry*, 2001, Vol. 13.

逐步把精神卫生救援工作纳入救灾防病和灾后重建工作，这表明中国官方开始介入到灾害心理干预工作之中。2003 年“非典”疫情的大面积爆发，使中国的心理学者首次大范围、全方位地介入灾害事件的心理救援工作，迅速扩大了心理救援的影响力，并引发了人们对突发事件心理危机干预研究的高潮。2004 年，国家制定了《关于进一步加强精神卫生工作的指导意见》，明确提出了灾后的心理救援工作的目标和要求，这为心理危机干预提供了法律上的保障。2006 年 8 月，浙江遭遇桑美台风袭击，浙江省组织各部门的专家联合组成心理援助队抵达灾区，开展了为期半个月的“心理救灾行动”，这是中国首次以政府名义组织的灾区心理救援队伍。2008 年 5 月汶川大地震发生后，灾后心理救援得到了全社会的高度重视，中国政府部门、非政府组织、个人志愿者等不同团体纷纷参与对地震灾区的心理援助，展开了新中国成立以来规模最大的心理救援行动。此后，一系列心理救援方面的专著也陆续出版，中国的灾害心理救援工作得到了进一步深化和发展。

在中国灾害心理救援工作大幅进展的同时，还应该注意到中国灾害心理救援仍存在一系列问题：

（1）全民宣传教育缺失：一方面，中国对于灾害事件的心理救援无论是实践还是理论探索方面都还处于起步阶段，缺乏专业力量进行此方面的宣传和教育；另一方面，学校、新闻媒体及社区等对危机教育也未起到应有的宣传作用。危机教育的缺失使中国民众普遍缺乏危机意识，对灾害的心理承受能力较差。

（2）救援专业力量匮乏：灾害的心理救援工作不同于一般的心理咨询，需要具有一定专业素养的人员才能胜任，但目前中国的专业资源与需求配置之间存在着巨大的差距，从业人员素质参差不齐，培训机构专业水平还有待提高。

（3）组织协调不足：在灾害心理救助的过程中，政府部门、志愿者队伍、各民间团体等救援力量往往自行其是，相互的协调与沟通有待提升。

（4）政策制度缺失：一方面表现为灾害心理救援方面的立法不足，另一方面表现为中国缺乏统一规范的灾害心理救援的一系列制度建设。

此外，中国的灾害心理救援还存在着研究滞后、相关认识不足等问题，需要在借鉴国外相关经验的基础上，结合中国的实际情况进一步完善中国的灾害心理救援体系。

三、中国灾害心理救援机制的建设

建立完善的灾害心理救援机制，需要充分发挥政府部门、专业救援机构、学术机构以及包括民间组织及社区在内的社会支持系统的协同作用。坚持“政府主导、专业援助、民间参与”的原则，努力促进中国灾害心理救援机制的完善和发展。

（一）政府组织机构

政府是灾害心理救援的主导力量，加强灾害心理救援机制建设，政府需要从以下几个方面着手：

1. 完善灾害救援法制建设

资料表明，世界上绝大多数国家是通过立法形式来确保灾后心理卫生问题得到重视和解决的，从长远看，政府的灾害心理救援法制建设是做好灾后心理危机干预的根本保证。① 但是目前中国的精神卫生立法一直发展缓慢，还没有法律法规将灾后心理救援纳入灾害救援的程序。完善政府立法，一方面，政府应尽快制定专门的心理救援法，确保灾害事件的心理救援有制度的规范和保障。尤其要进一步完善《灾后精神卫生救援预案》，并将其纳入国家的法律系统，明确政府各部门的相关职责，确保灾难心理救援工作有法可依、有法必依。另一方面，加强灾害事件心理救援预警机制建设，制订灾害事件心理救援应急预案，变被动为主动，尽可能地降低灾害对当事人所造成的心理冲击。

2. 普及危机教育

普及对民众的安全教育，提高民众的危机意识和应对能力也是政府的重要职责之一。一方面，要着力加强推进灾害心理健康教育。从学校教育入手，在中小学把心理卫生教育作为教学计划的一部分，尤其要加强对灾难的心理教育，引导学生认识灾难并提高学生应对灾难的能力。同时结合学生活动、家庭指导等多种方式保证心理健康教育的效果。在大学可借鉴美国的方法，通过设立心理咨询与治疗机构，以及设置有关心理课程、增加图书馆馆藏心

---

① 张丽萍．灾难心理学．北京：人民卫生出版社，2009. 138.

理学方面书籍等方式来开展教育。[①] 另一方面，政府可通过加大媒体宣传、举办专门的讲座、设置宣传栏等多种手段向民众普及灾害心理健康方面的知识，通告危机应对方法，减少心理障碍的发生。

3. 加强与国际组织的合作

当灾害事件发生后，国际救援队伍的力量也不容忽视。在欧洲，一些国际组织已连成网络，当灾害发生时，受灾国可以向联网的组织寻求援助，目前，这些网络已经发挥了重要的干预作用。[②] 也可以借鉴国外的经验，在灾害心理救援工作上也积极与国际连成网络，在自救的同时充分发挥外援的力量，更好地加强灾害心理干预技能。

（二）专业救援力量

灾害心理救援是一项复杂的专业性很强的工作，需要充分发挥灾害心理救援的专业力量，加强专业救援力量的建设。

1. 建立专业人员储备库

要解决我国灾害心理救援专业人员缺乏的现状，应在各地建立专业人员储备库，明确其具体功能，加强对专业人员的培训，以缓解专业资源与需求配置之间的矛盾。一般而言，储备库可分为两大类：一类是由心理学专家、公共卫生研究人员及精神卫生控制工作人员组成的长期性的专业工作队伍，也是最强大的专业团队；二是卫生系统、教育系统和社区工作人员及领导干部，对他们进行心理健康知识的普及和心理服务的培训是心理援助工作开展的强大支撑。[③] 同时，还可以将接受过一定培训、具备心理学及精神病学一般知识并能提供相关心理服务的准专业人员纳入心理救援队伍，通过各类专业人员的协同合作全面做好灾害心理危机救援工作。

2. 规范心理咨询师队伍

目前，中国的心理咨询行业管理尚不规范，专业人员素质还有待提高，因此，必须尽快规范心理咨询师的队伍建设，以增强心理救援的专业性和有效性。具体可以从以下几个方面着手：加强专业的学科教育，可设立心理咨询、心理危机干预专业学位点等进行正规理论系统的学习；规范专业的培训，

---

① 刘萍．灾难心理服务研究．北京林业大学硕士学位论文，2007. 15 ~ 20.

② 钱铭怡．国内外重大灾难心理干预之比较．心理与健康，2005（4）．

③ 张丽萍．灾难心理学．北京：人民卫生出版社，2009. 144 ~ 145.

增强培训的针对性和专业性；完善资格认证制度并实施终身督导制。

（三）学术机构

加强对灾害心理问题的研究是有效进行灾害心理救援的前提和基础，目前中国在灾害心理学领域的研究很少，关于灾后心理援助的研究高潮于2008年才开始，主要侧重于心理援助的组织体系与实践手段及相关文化思考，与国外危机预警和心理干预机制相比，国内的研究仍存在诸多问题。[①] 鉴于此，中国学术机构需要加大对灾难心理服务的研究力度，为有效地开展灾害心理救援活动提供科学的理论指导。

灾害具有诸多的分类，不同性质的灾害对不同的人所造成的影响也有很大的差异，因此，应当对不同类型的灾害进行分类研究，积累相关的数据资料，为后期的心理干预工作提供科学的理论指导。同时，还应当注重研究灾害对受害者个体及群体心理影响的过程，针对不同群体所受到的心理冲击状况制定有针对性的干预技术和方法指南，从而为不同群体的心理干预实践提供指导。此外，由于灾害心理危机持续的时间较长，所以灾害心理的研究工作不能仅在短期进行，还应当进行长期的跟踪和调查，以便掌握受害者的心理变化过程，为制订更为有效的干预计划提供帮助。

（四）社会支持系统

构建良好的社会支持系统是完善我国灾害事件心理救援机制的一个重要组成部分。研究表明，社会支持在创伤受害者的恢复过程中扮演着十分重要的角色，不仅在个体和群体面临应激时发挥作用，也是一种长效的心理康复机制。[②] 构建良好的社会支持系统，不仅要充分发挥亲朋好友对当事人的支持，还要重视民间组织及社区的力量。

面对灾害，来自家人和朋友的支持对个体的心理康复有着无可替代的优势，可以通过加强对亲朋支持的专业指导，避免他们由于经验的局限所造成的失误，以便更充分地发挥优势。在民间组织建设方面，不仅要充分发挥单位、街道、工会、红十字会等正式组织的作用，也不可忽视合法社团、慈善机构、志愿者组织的力量。应当努力扶持民间心理辅导专业组织的发展，加

---

① 张莹，张舟．灾后心理援助研究述评与展望．中国应急救援，2010（4）．

② 王丽莉．突发事件心理救援体系的建设．北京：中国社会出版社，2009. 172.

强对志愿者心理援助方面的培训，同时通过明确民间组织的职责和人员准入条件，来加强民间组织参与心理救援的规范性、组织性及专业性。在社区心理援助方面，可借鉴英国的做法，在社区建立专门的心理卫生服务机构，努力为社区成员提供优质、有效、全面的心理卫生服务，缓解人们的心理问题，使社区成为人们恢复家园、重建心灵的后盾。此外，还可以依托社区，将心理健康知识与信息融入社区的文化活动，提高社区成员对心理问题的应对能力。

本章学习要点

灾害对于不同群体所造成的心理冲击，具体包括三大群体：直接受害者（包括幸存者及罹难者家属）、灾害救援者和一般的公众。

世界各国在灾害事件心理救援方面的发展特点各有不同，如美国的灾害心理卫生服务，日本、英国、新加坡等国家的灾害心理救援机制有许多值得中国借鉴的经验。

中国灾害心理救援存在着许多不足之处。中国灾害救援机制的建设，要注重发挥政府组织机构、学术机构、专业救援力量以及社会支持系统在灾后心理救援中的作用，促进中国灾害心理救援的发展和完善。

目前，中国关于灾害心理救援的研究还很不完善，区分不同灾害对不同群体所造成的特殊心理冲击，并针对不同群体采取相应的心理救援尤为重要，需要进行进一步的探讨。

关键术语

政府组织　NGO　宗教组织　灾害救助　慈善捐助

补充读物

1. 石勘．灾难心理学．北京：科学出版社，2010.

2. 许思安．青少年儿童心理危机干预的理论与实践．广州：暨南大学出版社，2009.

3. 王文忠．灾后社区心理援助手册．北京：科学出版社，2009.

4. Glynis M. Breakwell. *The Psychology of Risk*. Cambridge，UK；New York：Cambridge University Press，2007.

思考题

1．灾害事件会对哪些群体造成较大的心理冲击？

2．简述美国、日本、英国和新加坡等国家在灾害事件心理救援方面的特点。

3．我国在灾害心理救援方面存在的不足之处有哪些？

第八章 灾后恢复重建

本章概述

介绍灾后恢复重建概念的定义、国际上灾后重建的各种模式，以及灾后重建与社会资本、人力资本之间的关系。

各类自然和人为的重大灾害不仅会对人类的生命财产安全及环境带来物质上的损害，也会造成严重的社会后果，妨碍社会系统的正常运行。如何使受灾社区和居民迅速从灾害的打击中恢复过来，重建正常的社会秩序和社会生活，一直是灾害社会学最为关注的研究主题之一。灾后社会的恢复重建，不仅意味着补救，也意味着发展。通过复活当地的经济，提升当地的生活水平，因此灾后的恢复重建过程也是社区发展的机遇。

第一节 恢复重建的基础知识

灾害发生之后，灾区或者房屋倒塌、基础设施被毁；或者环境遭到严重破坏、产生大面积污染；或者工农业生产停顿、社会正常运转中断；或者出现人员重大伤亡、公众心理遭受重创。在这种情况下，政府应急管理部门必须有效地组织各种社会力量积极予以回应，组织群众生产自救、群体互救，这样不仅可以使灾区的生产生活恢复正常，消除灾害带来的消极影响，还可以化危为机，为当地的社会经济发展创造机遇。因此，灾后的恢复重建具有非常重要的意义。

一、恢复重建的含义

在英文文献中，除了使用灾后恢复重建（disaster recovery）的概念外，还会使用灾后重建（disaster reconstruction）、灾后复原（disaster restoration）、灾后恢复（disaster restitution）、灾后康复（disaster rehabilitation）等概念进行表述。较之灾后恢复重建，后面的几个概念都不太恰当，灾后重建主要是指物理环境和建筑物的重建，灾后复原和灾后恢复则强调恢复到灾前的水平，灾后康复则突出了改进的意义。[①] 在中国的一些权威刊物中，灾后恢复重建是使用频率最高的词汇。中国学者王宏伟也认可灾后恢复重建这一表述，他认为恢复重建包含两对关系：恢复与重建，复原与发展。在重建过程中要尽量减轻灾害的影响，使社会生产生活复原，同时推动社会进一步发展，提高社会的公共安全度，换言之，恢复重建要在消除突发事件影响过程中除旧布新。[②] 因此，本书所讲述的灾后恢复重建不仅包含物理破坏方面的恢复重建，还包含社会等其他方面的恢复重建；不仅包含使受灾害影响的社区回到灾前状况，也强调使受灾社区成为状况有所改善的社区的活动。恢复重建以消除灾害为基础，以寻求未来的发展为导向。

从灾害社会学的视角来说，灾害可以看作是“人为的”（human-made），因为正是人类缺乏有效的防范措施才使危险演化成了灾害。换言之，灾害是人类系统和环境的相互作用，当人类系统易受某一环境事件损害的时候或者当这个系统因为它自身的技术、破坏事件易受到损害的时候，人类系统的社会结构和社会功能就变得脆弱，灾害就可能产生。而灾后的社会恢复重建就是受害者通过自我重组和外界的支持来适应这个已经被打乱了正常适应模式的环境的过程。[③]

---

① William L. Waugh, Jr. and Kathleen Tierney. *Emergency Management: Principles and Practice for Local Government*. Washington, DC: ICMA, 2007. 28.

② 王宏伟．突发事件应急管理基础．北京：中国石化出版社，2010. 107.

③ Frederick L. Bates, Walter Gillis Peacock. Long Term Recovery. *International Journal of Mass Emergencies and Disasters*, 1989, Vol. 7, No. 3.

二、恢复重建的分类

灾后社会恢复重建不仅要使受灾公众的基本生活在灾后尽可能快地得到保障，还包括使受灾公众的生活达到正常或更高水平的长期活动。因此，依据恢复期的长短，我们将灾后社会恢复重建分为短期恢复重建和长期恢复重建。

（一）短期恢复重建

短期恢复重建在灾害发生之后迅速展开，包含建立临时避难所、恢复基础设施、评估灾害损失、进行捐赠管理等，它在短期能起到立竿见影的效果。从国际经验看，非政府组织一般在灾害发生初期会发挥显著作用，但随着政府体系的恢复，许多非政府组织就会慢慢撤离现场。① 林德等将短期灾后恢复重建归纳为以下八个方面：

（1）灾害影响区域的返回。在确保灾民安全的情况下，灾民可以返回受灾害影响的区域。

（2）临时避难所。为受灾害影响的社会公众提供最基本的生活条件。

（3）基础设施的恢复。这包含对管道、电线、街道、桥梁、路标和路灯进行恢复，使医院、警察局、政府办公室得以运转，消防站、水处理厂、公交运输候车厅、公共工程停车场、电站、电视和广播台、电话交换设施正常运作等。

（4）灾后垃圾的管理。灾后垃圾管理应指定临时场所，把回收物和不可回收物区分开来，并将不可回收物转到永久性处理场所。

（5）应急拆除。对在灾害中受到严重损害、可能倒塌的建筑进行评估，以决定是否对其进行应急拆除。

（6）维修许可。对其他地区参与恢复重建的建筑承包商进行登记、监督和管理。

（7）捐赠管理。对捐赠品的接收、分类做好运送和分发的准备。

（8）灾害援助。招募、接收和培训足够的工作人员、社会工作者，以帮

① 陈浩．美国的救灾应对过程与 NGO 的力量．中国减灾，2008（8）．

助灾民渡过难关。[①]

（二）长期恢复重建

长期恢复重建往往从经济社会发展的高度，进行全面规划，以促进灾区经济社会发展，增强减灾、防灾能力。它包含土地用途的改变、建筑标准的增强、经济的发展、环境的修复、灾害的纪念等。非政府组织一般在灾害发生的初期作用比较大，但由于在灾后重建过程中一般都需要大量的投入，非政府组织难以负担，所以随着政府体制逐渐恢复并发挥作用，非政府组织要让位于政府。林德等将长期恢复重建归纳为以下七个方面：

（1）危险源控制与区域保护。在受到灾害影响的区域，改变土地利用和建筑规范以降低社会的脆弱性。

（2）公共卫生恢复。尽可能保证灾民的生理、心理健康少受灾害影响。

（3）经济发展。制订灾区经济复兴计划，促进灾区经济发展。

（4）基础设施的弹性。增强基础设施的抗灾害能力，降低基础设施的脆弱性。

（5）历史遗迹保护。保护历史性建筑使其不受灾害影响。

（6）环境修复。消除灾害给自然环境和人文环境带来的不利影响。

（7）灾害纪念。纪念遇难者，安抚受伤的社会公众。[②]

当然，恢复重建的分类方法远远不止以上简单的划分，有学者根据灾害的影响按经济、社会、环境和心理四个维度将恢复重建分成经济、社会、环境和心理恢复重建四个类别。[③] 不论是哪种划分，只要能加深我们对灾后社会恢复重建的理解，就是值得认可的。

三、恢复重建的过程

早在 1977 年，麻省理工学院的哈斯·凯茨和鲍登就提出了自然灾害的恢复重建需要四个阶段：前冲突阶段，尽可能地制定预防或者缓解的策略；应

---

① Michael K. Lindel, Carla Prater and Ronald W. Perry. *Introduction to Emergency Management*. Hoboken: John Wiley & Sons, Inc., 2007. 317 – 374.

② Michael K. Lindel, Carla Prater and Ronald W. Perry. *Introduction to Emergency Management*. Hoboken: John Wiley & Sons, Inc., 2007. 375 – 378.

③ 王宏伟．突发事件应急管理基础．北京：中国石化出版社，2010. 144 ~ 145.

急阶段，主要是灾害发生，正常活动暂停；恢复阶段，损失的公共设施，如水、电、通信等能够再次运行，被疏散者返回城镇；重建阶段，受灾地区的社会经济活动重回灾前水平甚至获得新一轮的发展。①

经过近几十年的发展完善，美国学者将地方的恢复重建细化成为十个步骤：重建组织、吸纳公众参与、协调机构和团体、确认受灾地区情况、评估问题并确认机会、设定目标、探讨各种战略、规划行动、达成一致的行动计划、实施和评估计划。②

王宏伟比较了中美两国学者的恢复重建步骤，提出了恢复重建的五个阶段：

（1）准备阶段。建立应急事件恢复重建领导小组，对受灾地区的状况进行评估。

（2）计划阶段。领导小组根据评估的情况，制订有针对性的恢复重建计划，并向执行部门和社会公众公布。

（3）实施阶段。实施恢复重建计划；为恢复重建动员、整合各种资源。

（4）验收阶段。对恢复重建工作进行验收和评估。

（5）反思阶段。站在应急管理的高度，对恢复重建工作进行反思，并将经验教训纳入未来的防灾、减灾规划。③

恢复重建的过程涉及重建家园、除旧布新、恢复就业和企业运营、永久性的修复和重建基础设施等。由于不同地区的具体情况并不相同，恢复重建过程也具有多样性，但我们可以从中抽象出一些具有共性的步骤。通过对恢复重建过程的把握，将其经验、教训有效的运用到实际减灾、防灾的过程之中。当然，不论是哪种类型的恢复重建，其过程我们都不能忽略总体灾害恢复（holistic disaster recovery）的理念，即在灾后恢复重建的过程中，要保持和提高生活质量，提高公众决策参与度，维护社会平等和代际公平，抓住经济发展机遇，改善环境质量，提高灾后恢复力。④

---

① J. Eugene Haas, Robert W. Kates and Martyn J. Bowden (eds.). *Reconstruction Following Disaster*. Cambridge, Massachusetts: The MIT Press, 1997. 1 - 2.

② Natural Hazards Center. *Holistic Disaster Recovery: Ideas for Building Local Sustainability after a Natural Disaster*. Fairfar: Public Entity Risk Institute, 2005. 1 - 10.

③ 王宏伟．突发事件应急管理基础．北京：中国石化出版社，2010. 121.

④ Natural Hazards Center. *Holistic Disaster Recovery: Ideas for Building Local Sustainability after a Natural Disaster*. Fairfar: Public Entity Risk Institute, 2005. 1 - 2.

第二节　恢复重建和社会资本、人力资本

政府作为恢复重建的主体，在灾害发生之后，有责任采取积极有效的措施，减少和缓解灾害带来的物质和精神损害。如政治方面，制定恢复重建的方针原则、调查评估、重建规划、资金筹集和监督管理等方面的政策；经济方面，合理配置各地区重建资金，进行税收方面的优惠，发展灾害保险；社会方面，鼓励社会捐赠，进行灾后心理干预等。实际上，中国当前正处于社会转型期，现有的社会保障与救济体系在恢复重建问题上日益显得力不从心，很难适应新形势的需要，现有的救济体系有待完善。[①] 在这样一种制度转型的“真空期”，社会资本和人力资本在很大程度上起到了补充正式制度不足的作用。因此，本节主要分析恢复重建和社会资本、人力资本的概念和关系等方面的问题。

一、社会资本和恢复重建

按目前学界较为一致的看法，社会资本可划分为两个基本层次：一是个体层次的社会资本，二是群体层次的社会资本。个体层次的社会资本是一种嵌入于个人行动者社会网络中的资源，个人通过运用社会资本以获得工具性行动中的回报和保持情感性行动中的收益。大量的经验研究表明，个体层次的社会资本有助于个人得到就业信息、社会资源及社会支持，有利于个人获得更高的社会经济地位。群体层次的社会资本，它表现为某些群体如何发展和维持或多或少的社会资本作为其集体资产以及这些集体资产如何增加群体成员的生活机会。群体层次的社会资本对提高社会的经济绩效、推动和维护民主化进程等有着重要作用。[②]

（一）个体层次

从个体层次的社会资本来看，某一灾害的发生总会导致正式制度出现一

① 孙绍聘．中国救灾制度研究．北京：商务印书馆，2004. 239.

② 张文宏．社会资本：理论争辩与经验研究．社会学研究，2003（4）．

定程度的混乱，在这种制度紊乱或缺失的情况下，作为非正式制度的社会资本就可以起到填补制度空缺的作用。经验研究表明，个体层次的社会资本对于灾后恢复的作用相当明显。它主要表现在以下两个方面：

第一，个体层次的社会资本对灾后正式援助（来自政府或其他正式社会组织的援助）和非正式援助（来自社会网络成员的金钱、物质及非物质帮助）获得具有不同的影响。我们从网络资源（网络中嵌入的社会资源）、网络规模（网络中成员的多少）和网络构成（网络中强关系所占比重）三个方面加以测量。美国学者赫伯特等较为系统地研究了受灾者的个体层次的社会资本与灾后社会支持之间的关系。他们发现，不同网络结构可以提供不同的社会资源，并影响灾民的求助和提供帮助的行动。在灾害发生之后，个人通常通过自身的网络来获取资源以帮助自己摆脱灾害影响，恢复正常生活。因此，嵌入个人网络中的网络资源越丰富，灾后受灾者获得正式和非正式援助的就越多。但社会资本对于灾后恢复的影响并非都是积极的。网络规模和网络构成就对不同援助的获取具有不同的影响，人们通过平时与网络成员的互动，会对网络资源的获取有一个固定的心理感知模式。因此，在灾害发生之后，人们会依据这种心理感知模式进行求助行动。① 赵延东对我国西部2 700多个社区进行调查后得出的结论也印证了这一观点：网络规模越小、网络中强关系越高的成员会带来更强的归属感，从而加强成员的社会交换，因此，此类受灾者更可能寻求并获取非正式支持；相反，网络规模越大，网络成员中亲戚朋友（强关系）的比重越低，这种情况下更便于信息和资源的流动，因此拥有此类资源的受灾者获得正式援助的可能性更高。美国学者贝格斯通过对比美国联邦应急管理署（Federal Emergency Management Agency）、红十字会、教堂、食品券发放组织、其他组织这五类组织提供的正式援助的定量分析还发现：不仅不同个体层次的社会资本对正式援助的获取有不同的影响，而且不同组织提供的正式援助对其获取也存在不同影响。如网络规模越大，越容易获取教堂提供的援助和食品券，但对美国联邦应急管理署、红十字会和其他组织并不产生影响。②

① Jeanne Hurlbert, Valerie Haines & John. Beggs. Core Networks and Tie Activation: What Kinds of Routine Netowrks Allocate Resources in Nonroutine Situations. *American Sociological Review*, 2000, Vol. 65.

② John Beggs, Valerie Haines and Jeanne Hurlbert. The Effects of Personal Network and Local Community Contexts on the Receipt of Formal Aid during Disaster Recovery. *International Journal of Mass Emergencies and Disasters*, 1996, Vol. 14, No. 1.

第二，个体层次的社会资本对于受灾地区灾后社会恢复的作用明显。我们从网络资源、网络规模和网络构成三个维度加以分析。赵延东对中国西部2 700多个社区进行调查后得出结论：网络资源越丰富，受灾者获取的援助越多，这也就越有利于受灾地区灾民的社会恢复。另外，网络规模和网络构成的作用不可小视，网络规模越大，强关系构成越低的网络构成的家庭恢复更快。这是因为规模较大、弱关系较多的网络更容易获取正式支持，有利于灾后恢复。①

总之，我们不能笼统地说个人层次的社会资本对灾后恢复重建有积极的或消极的影响，要具体情况具体分析才能够对个人层次的社会网络和灾后恢复有一个更深层次的把握。在中国，当前灾后正式援助还处于转型期，社会资本作为一种非正式制度起到了补充的作用，但是它带来的影响并非都是积极的。比如，在灾害发生以后，一些弱势群体的脆弱性更强，更容易受到灾害的影响。但是在运用个人层次的社会资本的时候，经济收入较低的受灾居民在灾后恢复过程中更依赖自己的强关系网络，依赖于非正式援助的获取，忽视了正式援助，而这会对其经济恢复产生更为不利的影响。② 这也是我们不能忽视的问题。

（二）群体层次

从群体层次的社会资本来看，群体层次的社会资本存量主要体现在社会参与、信任、社会规范、公民组织等方面。其中，信任是指社区成员、社区组织、非政府组织和政府组织等之间的信任。中村等对日本神户地震灾区和印度古遮拉地震灾区的研究表明：宏观社会资本存量更丰富的社区，在灾后会出现大量的利他行为，并自发组织起来应对灾害，这有助于灾后恢复。③

关于群体层次的社会资本，我们从以下两个方面加以分析：

第一，群体层次的社会资本对援助的获取有一定的作用。社会参与水平特别是政治参与水平越高，居民获取正式和非正式援助的可能性就越高，反之则越低。赵延东对我国西部2 700多个社区进行调查后得出结论：积极的社

① 赵延东．社会资本与灾后恢复——一项自然灾害的社会学研究．社会学研究，2007（5）.

② 赵延东．社会资本与灾后恢复——一项自然灾害的社会学研究．社会学研究，2007（5）.

③ Nakagawa，Y. & R. Shaw. Social Capital：A Missing Link to Disaster Recovery. *International Journal of Mass Emergencies and Disasters*，2004，Vol. 22，No. 1.

会参与有助于灾民获取更多的资源，这对于灾后恢复重建有着积极的作用。但信任水平对于正式或非正式援助的获取均无显著影响。[①] 关于信任问题，研究者认为更高水平的信任可以降低交易成本、促进人们的合作。[②] 我们可以理解为在恢复重建的过程中，信任的主要作用并不是带来更多的资源，而是通过人们更有效的沟通，利用好现有的资源，加快恢复重建的过程。

第二，群体层次的社会资本对灾后社会恢复有直接的影响。公民社会参与作为群体层次的社会资本的重要组成部分，不仅对经济社会的发展有直接的作用，而且基于公民自愿参与的社会组织在灾害恢复重建的过程中具有重要的作用。[③] 但是针对中国的一项研究结果却与之相反。公民的社会参与水平与灾后恢复呈负相关。[④] 这可能与中国的特殊国情有关，以往的研究结果显示，如果灾后资源的分配遵循“相对优势分配法则”，即在社会中拥有相对优势的群体和个人更可能得到灾后支持，这就极有可能引发社会冲突。[⑤] 而中国的公民社会参与程度比较低，当他们在资源分配的过程中利益受损而无法通过正常渠道表达的时候，或许只能采用一些极端的方式。因此，此时公民的社会参与水平越高，越不利于灾后恢复。福山认为：信任的对象可以视为一个渐进的同心圈，从最核心的家庭的信任、熟人信任再到一般他人的信任和制度的信任。他特别指出，只有当突破了家庭信任和熟人信任之后的信任，才会有更好的经济发展前景。[⑥] 这一论断同样适用于灾后社会恢复重建的研究。如果受灾地区居民的信任停留在熟人信任阶段，则他的恢复水平不容乐观，如果突破了熟人信任的范围，则有利于灾后恢复的速度和质量。[⑦]

值得注意的是，灾区内基于居民自愿参与的各种公民组织和非政府组织在灾害发生之后既可以弥补政府减灾过程中的不足，又可以在政府和民众之间起到沟通的桥梁作用。但是，目前中国的各种公民组织发展相对缓慢，居民政治参与水平也不高，这是不利于群体层次社会资本的积累和培育的。

---

① 赵延东．社会资本与灾后恢复——一项自然灾害的社会学研究．社会学研究，2007（5）．

② 福山：信任：社会美德与创造经济繁荣．彭志华译．海口：海南出版社，2001．29－31.

③ Nakagawa，Y. & R. Shaw. Social Capital：A Missing Link to Disaster Recovery. *International Journal of Mass Emergencies and Disasters*，2004，Vol. 22，No. 1.

④ 赵延东．社会资本与灾后恢复——一项自然灾害的社会学研究．社会学研究，2007（5）．

⑤ G. Ibanez，N. Khatchikian，C. Buck，et al. Qualitative Analysis of Social Support and Conflict among Mexican and Mexican-American Disaster Survivors. *Journal of Community Psychology*，2003，Vol. 31.

⑥ 福山．信任：社会美德与创造经济繁荣．彭志华译．海口：海南出版社，2001. 149～153.

⑦ 赵延东．社会资本与灾后恢复——一项自然灾害的社会学研究．社会学研究，2007（5）．

二、人力资本和恢复重建

由于灾害发生会导致自然环境和社会环境发生急剧的变化，灾害发生后，受灾地区实际上是一个与以往迥然不同的新环境。灾害过后，受灾居民往往会利用其个人资本去适应这个新的环境，以改善其个人生存状况或提高其社会地位。

人力资本是体现于人身体上的知识、能力和健康，它有教育、培训、医疗保健等投资形式。[①] 因此，本书引用的资料中人力资本投资主要是通过受教育年限、技能水平、健康程度等来测量人力资本存量。与上节分析社会资本和恢复重建的关系一样，我们分两个阶段来分析人力资本和恢复重建的关系。

人力资本对于获取正式或非正式援助有一定的影响，但受教育年限对正式援助的获取是否存在影响是一个需要进一步探讨的问题。美国学者贝格斯对路易斯安那州的594个电话访谈收集到的数据进行研究后发现，受教育年限与各种组织正式援助的获取都没有影响。[②] 但是赵延东的研究表明：家庭成员的受教育年限对于灾后正式或非正式援助的获取都存在显著的负相关。[③] 贝格斯的研究还表明，身体健康程度虽然对于正式援助的获取没有影响，但是在发放食品券时，身体越差的受灾居民越容易得到更多的食品券。[④]

人力资本和灾后恢复重建的状况关系比较复杂。赵延东的一项调查显示，家庭成员的受教育年限越高，受灾居民的灾后恢复越好。[⑤] 但是陈升针对汶川地震受灾居民的一项研究表明：居民的受教育程度、接受职业技能培训对灾后恢复虽然起到正向作用，但是不显著。他认为产生这种情况是因为调查样本的受教育程度普遍不高，初中及以下文化程度的占了68.5%，样本没有差

---

① 西奥多·舒尔茨．论人力资本投资．吴珠华译．北京：北京经济学院出版社，1990. 325.

② John Beggs, Valerie Haines and Jeanne Hurlbert. The Effects of Personal Network and Local Community Contexts on the Receipt of Formal Aid during Disaster Recovery. *International Journal of Mass Emergencies and Disasters*, 1996, Vol. 14, No. 1.

③ 赵延东．社会资本与灾后恢复——一项自然灾害的社会学研究．社会学研究，2007（5）．

④ John Beggs, Valerie Haines and Jeanne Hurlbert. The Effects of Personal Network and Local Community Contexts on the Receipt of Formal Aid during Disaster Recovery. *International Journal of Mass Emergencies and Disasters*, 1996, Vol. 14, No. 1.

⑤ 赵延东．社会资本与灾后恢复——一项自然灾害的社会学研究．社会学研究，2007（5）．

异性是否定原假设的原因。[①] 苏筠等针对长江中下游水灾灾民的一个定量研究表明，受教育程度等人力资本存量并不能缩短灾民的灾后恢复期。[②] 那么人力资本存量丰富的受灾居民能否缩短灾后恢复期、加快灾后恢复重建就是学界需要进一步探讨的问题。

实际上，影响居民获取正式或非正式援助和灾后社会经济恢复的因素有很多。一项针对路易斯安那州的调查指出，居住在较好经济环境中的受灾居民更有可能获取更多的正式援助。[③] 又如一项结合美国和尼加拉国的调查显示，在美国拉皮德城，灾害带来的损失、援助的获取和灾前经济水平对灾后恢复有着重要影响；而在尼加拉国的马拉瓜，工作的持续性才具有最大的影响力。[④] 我们可以看到美式灾后恢复与尼式灾后恢复是不同的，即不同的文化对灾后恢复也存在影响。

综上所述，我们可以发现，虽然政府是灾后社会恢复重建的主体，政府通过制订一系列指令性的计划、建立应急管理系统等方式来进行灾后恢复。但是这种自上而下纵向展开的治理体制并不是万能的，它需要社会资本、人力资本等社会力量的补充，通过社会资本和人力资本的开发为灾后恢复提供社会支持。而且，政府在创建社会资本方面并不是完全无作为的，根据日本学者的一项研究，神户地震发生之后，政府牵头成立了城镇发展组织（machi-zukuri organization/town development organization），政府在组建这些组织的时候利用了原有的社区自发组织的基础，强调组织的自治性，在恢复过程中起到了很好的动员公众参与的作用。[⑤] 美国灾后恢复的步骤也是横向展开的，广泛吸纳社会公众的参与。[⑥] 因此，政府部门除了为灾民和灾区提供物质援助、重建当地的基础设施以外，还应该积极组建当地的社会网络，充分利用当地的社会资本和人力资本等，重视非政府组织的作用，吸纳居民的广泛参与，这

---

① 陈升．人力资本、社会资本和灾后重建．经济学家，2010（5）．

② 苏筠，林晓梅，李娜．影响灾后恢复期的因素分析——基于水灾灾民的调查．灾害学，2008（4）．

③ John Beggs，Valerie Haines and Jeanne Hurlbert. The Effects of Personal Network and Local Community Contexts on the Receipt of Formal Aid during Disaster Recovery. *International Journal of Mass Emergencies and Disasters*，1996，Vol. 14，No. 1.

④ Robert C. Bolin and Patricia A. Bolton. Recovery in Nicaragua and the USA. *International Journal of Mass Emergencies and Disasters*，1983，Vol. 1，No. 1.

⑤ Nakagawa，Y. & R. Shaw. Social Capital：A Missing Link to Disaster Recovery. *International Journal of Mass Emergencies and Disasters*，2004，Vol. 22，No. 1.

⑥ 王宏伟．突发事件应急管理基础．北京：中国石化出版社，2010. 146.

样不仅可以补充政府治理工作中的不足，也可以帮助受灾地区居民更好更快地恢复到正常生活中来。

第三节　灾后恢复重建中的难题

国际社会的救灾经验告诉我们，完整的灾难救援及预防体系包含灾前预防、灾时应急和灾后重建这三个相互依存的环节，要构建科学而有效的救灾机制，三者缺一不可。从 5・12 汶川大地震到 4・14 玉树强震，两年来各主流媒体不断热议“中国式救灾模式”。确实，“中国式救灾模式”在灾时应急这一环节中创造了抗震救灾的奇迹，当灾害降临的时候，国家迅速启动应急响应机制，最大限度地将国家机器和社会各界快速动员起来，夺取了抗震救灾的伟大胜利，但是在灾后重建和灾前预防的环节上，仍有许多值得深思的问题。[①] 结合本章灾后重建的主题，本节主要讨论中国灾后重建中所面临的一些难题。

一、非政府组织作用的发挥

在灾害发生后的恢复重建过程中政府应该统揽全局，起到主导作用，同时值得注意的是政府不应该成为恢复重建的唯一主体。中国地震灾后也有一些非政府组织深入灾区捐款捐物，抗震救灾，但他们发挥作用的空间还很大。因此，在灾后重建特别是社区重建的过程中我们应努力建成政府主导、非政府组织共同参与的多元的灾后重建体系。

日本神户地震恢复重建过程或许会给我们带来一些启示。1995 年 1 月，日本神户发生了 7.3 级大地震。因灾死亡 6 437 人，4.3 万人受伤，11.1 万多间房屋倒塌。位于神户西部五公里处的真野社区是一个只有 2 500 人的小型社区。1995 年，20% 的真野社区居民年龄超过 65 岁，这远远超出了神户的平均水平。该社区还有一个住房问题：居民区人口密度非常高而且房子都是木房子。这次地震导致该社区 19 人死亡、23% 地区完全被摧毁、44% 的房子被破坏。地震发生后，真野社区采取了许多有效的营救措施，大约1 400人被迅速

---

① 张和清．中国式救灾的思考．南风窗，2010（12）．

地带到了紧急避难所进行安置，一个标志性的事件就是在社区和当地公司的联合下进行了地震后的灭火处理，这一点与邻近的千岁社区形成了鲜明对比，该社区在火海中几近摧毁。在重建阶段，经过民意调查之后，真野社区每周都发行了社区简报，包括庇护所的管理、毁坏房屋的改装等。真野社区灾后恢复重建成功的一个很重要的原因在于当地的社区组织，如城镇发展组织、邻里互助组织、妇女协会、老年人协会、社工组织、中年人协会、青年协会、反犯罪组织、消防队员社区组织、福利志愿者组织等，这些组织之间、社区成员之间的联系也十分紧密。众多组织中又以城镇发展组织发挥的作用最为巨大。真野社区的城镇发展组织在灾后迅速成立了真野灾后重建办公室、建立城镇发展中心、组成社区发展有限公司、建设日托中心和开展了为受灾居民的公共住房建设问题的签名运动，等等。[①]

可以看出，非政府组织或者临时的居民自发组织在灾后正式制度系统出现混乱的时候可以有效地组织灾民积极参与到灾后重建的过程中来，起到弥补制度真空的作用。另外，非政府组织还可以在灾后重建的过程中在受灾公众和政府之间起到沟通桥梁的作用，这样可以对政府灾后治理工作中可能存在的不足起到有益的补充，帮助受灾居民和受灾社区更快更好地恢复正常生活。

灾后社会恢复重建要落到实处，必须依靠基层组织扎根社区，与民同行。但我国面临的两难困境是掌握资源的基层政府无力或者不愿扎根社区组织群众从事长期而深入的社区工作，而愿意扎根社区从事社区重建工作的组织（如 NGO、志愿者和社会工作者等）却没有资源，他们要么很快夭折，要么依靠国际基金苦苦挣扎。[②] 因此这要求我们大力发展非政府组织来缓解这一困境。

二、社会公众对恢复重建的参与

外部援助式的灾后恢复重建是一把双刃剑，一方面，它在灾后积极开展受灾群众的生命保护、基础设施建设、社会经济秩序恢复、灾害损失补偿等

---

① Nakagawa，Y. & R. Shaw. Social Capital：A Missing Link to Disaster Recovery. *International Journal of Mass Emergencies and Disasters*，2004，Vol. 22，No. 1.

② 张和清．中国式救灾的思考．南风窗，2010（12）．

活动，及时有效地满足了群众最紧迫的需求，有利于受灾民众恢复正常生活；另一方面，从可持续性看，这一救助行为也会强化灾民的依赖心理，弱化灾民作为受助者的能力。如广州社工参与汶川地震恢复重建的过程中，有些社工帮助过的村民要么守在板房等待救济，要么时常登门索取救灾物资；有些社工照顾过的孩子开始对廉价物品和小组活动不屑一顾，进入社工站小偷小摸。① 可以看出，在中国，从灾后社会的恢复重建的决策到实施过程，“等、靠、要”思想严重，公众社会参与程度较低，自力更生精神不足。②

案例解读

北川县茨沟村的灾后重建与人力资本和社会资本的关系

汶川地震给居民的生产和生活带来了巨大的损失，灾区人员伤亡惨重，截至2008年8月25日，遇难69 226人，受伤374 643人，失踪17 923人；城乡居民住房大量损毁，北川县城、汶川映秀镇和大量村庄几乎被夷为平地；基础设施严重损毁，交通、电力、通信、供水、供气等系统大面积瘫痪；学校、医院等公共服务设施严重损毁，大量文化自然遗产遭到严重破坏；产业发展受到严重影响，耕地大面积损毁，主要产业和众多企业遭受重创；生态环境遭到严重破坏，森林大片损毁，野生动物栖息地丧失，生态功能退化。

如何快速恢复灾区正常的社会秩序和社会生活，灾后恢复重建显得刻不容缓。灾后的恢复重建与人力资本和社会资本又有什么关系？为了更加直观地说明相关的灾后重建政策和已有的一些政策对农户生活水平的影响，我们选择了北川县擂鼓镇茨沟村为案例，对灾后重建整合和已有的一些社区政策进行了细分，同时也将农户生活和生产的内容按照各项资产进行了划分。从调查中可知，在贫困村茨沟村，已有的诸多项目促进了民房、公房、人力资本、金融资本和社会资本的建设。但是也存在一些问题，如项目实施得不好会引起村民猜疑，这对社区社会资本的建设是不利的。如村民对调研人员抱怨水务局所修的排洪区花了70万元，但工程质量不好，调研人员对该工程实施程序进行详细剖析后发现，

① 张和清．中国式救灾的思考．南风窗，2010（12）．

② 王宏伟．突发事件应急管理基础．北京：中国石化出版社，2010. 163.

实际上村民在工程的实施中参与极少，因此他们并不了解该工程资金分配以及房屋分配的原则和情况，这深刻地反映了恢复重建项目中社会资本的缺失。

资料来源：黄成伟，彭善朴.《汶川地震灾后恢复重建总体规划》实施社会影响评估. 北京：社会科学文献出版社，2010. 62.

经过改革开放三十余年的发展，公众生产自救、合作互救的观点逐步建立，中国公众社会参与程度的情况有了一定的改善。"映秀母亲"羌藏刺绣小组就是在广州社工的帮助下成立的受灾公众进行生产自救、合作互救的例子。"映秀母亲"是5·12汶川地震后失去孩子的母亲、失去至亲的女儿、失去家园的100多名妇女在广州社工的陪同下，制作羌藏绣品或绣自己创新的儿童画，通过拍卖绣品，达到受灾公众能自力更生的目的。经过一年的努力，"映秀母亲"已经成为一个汶川母亲们自力更生、重拾信心的品牌，以"映秀母亲"命名的绣坊、食堂、金碧生态游等灾后重建的可持续生计计划有的已经启动，有的正在紧锣密鼓地筹备中。[①] 当然，我们不仅要在恢复重建实施过程中消除公众"等、靠、要"思想，增强自力更生能力，提高公众社会参与度，还要及时、准确地发布相关消息，注意培养公民意识塑造公民精神，提高公众的决策参与度。在恢复重建的过程中吸纳尽可能多的突发事件的利益相关者参与决策，集思广益，解决问题。

三、灾害保险和社会捐赠

在恢复重建的过程中，政府下拨救灾款项帮助灾区恢复生产和生活秩序，是灾后重建的主要资金来源。9·11事件发生之后，美国联邦应急管理署、小企业局（Small Business Administration）和纽约州下拨了大笔救灾款项。截至2001年12月，总拨款额度已经超过7亿美元，其中公共援助基金拨款3.44亿美元，用以帮助纽约市修复受损的基础设施，恢复关键性的服务等；以赠款和贷款方法提供的个人援助超过1.96亿美元，用于修缮临时

① 张和清. 中国式救灾的思考. 南风窗，2010（12）.

灾害住房。①

灾后社会恢复重建的资金不只包含政府财政拨款，灾害保险和捐赠的作用也不可轻视。灾害保险的优势十分突出，首先它可以集中全社会的力量对灾害损失进行补偿，具有转移风险的作用；其次灾害保险可以适应灾害补偿波动的需求，自我调适能力强。因此美国公众、家庭和企业购买灾害保险的积极性很高。② 除了灾害保险，企业和个人的捐赠也是灾后重建资金的重要来源。但是中国应对灾害的资金主要来源于政府财政拨款，少量来自社会捐助，而应对灾害起到重要作用的灾害保险还没有发挥其应有的作用。③ 以农业自然灾害保险为例，中国农业自然灾害保险虽然存在多年，保险市场不仅未能发展壮大，反而日益萎缩。④ 1994 年以前，农业自然灾害保险市场曾经有过一段快速发展时期，1994 年的保费收入达到 8.6 亿元，但此后逐年递减，近年来该比重回落到了 20 世纪 80 年代初期的水平，这与中国的实际需要极不相称。⑤ 同时，中国的慈善事业存在发展水平滞后、慈善公益机构数量较少、慈善捐赠水平较低等问题。2009 年，中国慈善捐赠占 GDP 的比例仅为 0.01%，而美国的比例为 2.2%。民政部社会福利与慈善促进司慈善和社会捐助处处长郑远长展示的数据显示，目前中国人均捐款为 25 元。⑥ 与发达国家相比，中国的慈善公益事业仍然是一个“蹒跚学步的孩子”。总之，中国作为一个灾害频发的国家，灾害保险市场远未饱和，慈善事业发展水平滞后，发展灾害保险和慈善事业具有很强的现实意义。

四、心理干预问题

发生灾害不仅有可能导致房屋倒塌、基础设施破坏等物质破坏，还会给社会公众的心理带来负面影响，甚至造成心理损伤。然而，我国的灾后心理干预工作并未得到应有的重视，存在心理干预专业人员缺乏、忽视中长期心

---

① George D. Haddow & Jane A. Bullock. *Introduction to Emergency Management* (Second Edition). Amsterdam: Elsevier Inc., 2006. 132.

② 王宏伟．突发事件应急管理基础．北京：中国石化出版社，2010. 131.

③ 苗兴壮．超越无常——突发事件应急静态系统构建．北京：人民出版社，2006. 172.

④ 袁泉．农业灾害保险研究．粮食论坛，2005（8）.

⑤ 雷星晖．中国农业自然灾害保险市场分析及其合理模式．自然灾害学，2006（6）.

⑥ 郭少峰．民政部数据显示中国人均慈善捐款仅为 25 元．新京报，2010－11－03（A20）.

理重建、经费投入不足、责任规制缺位等问题。[①]

灾后心理干预需要重点关注的对象有灾前的精神疾病者、目睹亲人死亡或严重受伤者、单身女性家长、儿童、参与艰难搜救任务的应急响应者、工作负担沉重的医务人员等。[②] 1999 年 8 月 17 日，土耳其西部地区发生里氏7.4 级大地震，这次强震造成近 4 万人死亡，10 万座房屋毁坏，数百万人无家可归，直接经济损失至少 200 亿美元，地震使昔日繁荣的城市变成一片废墟。3 年后，伦敦大学精神病学家对当年地震的 769 名幸存者进行了调查。调查结果显示，40% 的受灾居民患有创伤后应激障碍（post-traumatic stress disorder），18% 的民众患有创伤后应激障碍与抑郁并发症。通过线性回归分析得出结论：创伤后应激障碍与地震中受到惊吓相关，而抑郁与失去亲人具有相关性。[③] 美国心理学家吉尔伯特·瑞耶斯预测汶川大地震可能会给大约 30% 的受灾群体留下长期的心理阴影。[④] 因此，在恢复重建阶段，我们应发挥社会的精神卫生资源，特别是心理专家、非政府组织的作用，对社会公众进行长期、有效的心理干预和辅导。

除此之外，我国灾后恢复重建寻找机遇意识还有待提高。灾害是一种危机，我们要善于化“危”为“机”，抓住机遇，把灾害作为更高层次发展的契机。另外，还需要在灾后社会恢复重建过程中总结经验和教训，提升灾后的恢复能力。恢复重建过程不仅要消除灾害的影响，还要着眼于未来灾害的防范，上文提到的 1995 年日本神户地震，日本政府在恢复重建的过程中，注重提高社会的防灾、减灾能力，大力建设灾害弹性社区（disaster - resilient community），将减灾融入灾后恢复重建的过程，提高新建的基础设施和房屋的抗震性能。[⑤] 这对于日本这个地震频发国家的灾害预防具有现实意义。我们知道，地震预报仍然是世界级的难题，成功预报大地震的个案还是极少数，因此，防震减灾的重点不是地震预报，而应该把重点放在如何做好建筑物等

---

① 翟月玲．汶川大地震中长期心理重建的政府责任．医学心理学，2010（2）．

② Michael K. Lindel，Carla Prater and Ronald W. Perry. *Introduction to Emergency Management*，Hoboken：John Wiley & Sons，Inc.，2007. 353.

③ Ebru Salcioglu and Maria Livanou. Post-traumatic Stress Disorder and Comorbid Depression among Survivors of the 1999 Eaethquake in Turkey. *Disasters*，2007，Vol. 31（2）．

④ 陈竹．美国心理学家：如何抚慰灾后创伤的心灵．引自 http：//www. caijing. com. cn/2008 - 05 - 18/ 100063097. html，2008 - 05 - 21.

⑤ Kathleen J. Tierney. Emergency Response：Lessons Learned from the Kobe Earthquake. http：// dspace. udel. edu：8080/dspace/handle/19716/202.

的防震抗震上。

总之，灾后社会恢复重建是一项关乎国计民生的系统工程，只有正确认识到在灾后社会恢复重建中存在的问题和与国际先进水平存在的差距，才能够准确把握自身的不足，提升灾后恢复重建的水平。

本章学习要点

本章所述灾后社会恢复重建由灾后社会恢复重建的基础知识、恢复重建与社会资本和人力资本的关系、中国恢复重建中存在的问题三部分组成。首先讲述了灾后社会恢复重建的定义、分类、模式、过程。在对灾后社会恢复重建有一个大概的把握之后，我们开始分析恢复重建与哪些因素有关。毫无疑问，政府作为恢复重建的主体，在灾害发生之后，有责任采取积极有效的措施，减少和缓解灾害带来的物质和精神损害。同时由于中国目前处于一种制度转型的“真空期”，社会资本和人力资本在很大程度上起到了补充正式制度不足的作用，因此，本章重点分析了恢复重建与社会资本和人力资本的关系。最后，结合中国实际指出了中国灾后社会恢复重建存在的四大主要问题，指出“中国式救灾模式”中恢复重建的困境。

值得我们注意的是，灾害社会学作为一个起步较晚的学科，本书的编写参照了许多国外文献，难免会有许多不足之处，灾后社会恢复重建亦是如此。

关键术语

恢复重建　社会资本　人力资本　社会参与

补充读物

1. 王宏伟. 突发事件应急管理基础. 北京：中国石化出版社，2010.
2. 孙绍聘. 中国救灾制度研究. 北京：商务印书馆，2004.
3. 金磊. 灾后重建论. 北京：中国建筑工业出版社，2008.

思考题

1. 是否还有有关灾后社会恢复重建更加深入的定义和分类、更加全面的模式和过程？

2. 除了社会资本、人力资本对恢复重建有影响之外，还有哪些其他的非正式制度起着补充正式制度不足的作用？

3．中国灾后社会恢复重建的困境除了本章提到的四点，还有哪些问题？如何来摆脱这种困境？

4．美国和日本的灾后社会恢复重建对中国有什么启示？

第九章　灾害与社会变迁

本章概述

本章通过梳理不同历史时期的重大灾害，探讨灾害与社会变迁的关系，并举例说明灾害对人口、经济、社会和科技带来的变化。

第一节　灾害与社会变迁的基本概念

一、社会变迁的概念

社会变迁，其英文表达为“social change”，此种表达最早源于奥格本的著作《社会变迁》。[①] 虽然早期社会学家孔德早在1822年已经提出“人类发展从类人猿一直到今天的欧洲文明所经历的是连续不断的演变过程”这一社会变迁思想[②]，斯宾塞也在其《社会学原理》中提出：“如果把所有社会看作一个整体，那么进步是必然的。但是，对于个别的社会，进步则不是必然的，甚至是不可能的”这一进化论的社会变迁思想[③]，但是他们均没有用到“社会变迁”术语。

---

① Ogburn, W. F. *Social Change*. New York: B. W. Huebsch, Inc., 1922.

② 科塞尔．社会学思想名家．石人译．北京：中国社会科学出版社，1990. 6.

③ 科塞尔．社会学思想名家．石人译．北京：中国社会科学出版社，1990. 107.

那么究竟什么是社会变迁呢？顾名思义，变迁即“变化”和“迁移”的组合，故社会变迁主要指社会的变化、变革、迁移之内容。但关于社会变迁的具体定义，目前学术界国内外专家学者仍未有统一的表达。日本学者富永健一认为“所谓社会变迁就是社会结构的变化”[①]，其他有些学者认为社会变迁是指社会形态的变化，社会的不断进步、变更；还有些学者认为社会变迁是指社会制度、社会文化等的变化。关于社会变迁的定义，各学者众说纷纭，解释显得相当纷繁，下面列举一些有代表性的观点：

（1）社会变迁是“一个不以人的意志为转移的自然历史过程，不管人们承认与否，它都客观地存在着，它是指社会各组成部分及社会系统发生的变化。广义的社会变迁可以成为社会文化变迁，即整个社会的制度、结构、物质文明和精神文明的变化过程；狭义的社会变迁指社会的经济体制和政治关系的变化”[②]。

（2）社会变迁是各种层次上社会现象的改变，社会变迁可能发生在个人生活里，也可能牵涉到全球性的人类活动，其规模可能很小，也可能很大。[③]

（3）社会变迁是指“社会关系体系的变化，其中最根本的、本质的变迁，是人们经济关系的变化”[④]。

综观上述社会变迁的定义，各学者从不同角度定义了社会变迁的概念。笔者借鉴总结，将社会变迁概括为：社会变迁是社会政治、经济、文化、技术与制度结构等各种层次上社会现象的改变，特别是社会结构的变化。这样的定义既指出了社会变迁的广度，包括了广义的社会变迁的内容，又侧重了社会变迁研究的主流——社会结构的变迁。那么灾害与社会变迁的研究对象也就明晰了，即灾害所导致的社会政治、经济、文化、制度等各种层次上社会现象的改变，特别是灾害所导致社会结构的变化。社会体系为了适应新的需要并应付不平衡的出现，就需要不断地调整原有的结构关系，故产生了社会变迁。[⑤]

---

① 转引自青井和夫．社会学原理．刘振英译．北京：华夏出版社，2002. 122.

② 风笑天．社会学导论（第2版）．武汉：华中科技大学出版社，2008. 270.

③ Robert H. Lauer. *Social Problems and The Quality of Life.* 转引自童星．现代社会学理论新编．南京：南京大学出版社，2003. 326.

④ 袁亚愚等．社会学——历史、理论、方法（第2版）．成都：四川大学出版社，1989. 292.

⑤ 童星．现代社会学理论新编．南京：南京大学出版社，2003. 327.

二、灾害与社会变迁的关系

灾害与社会变迁的关系如何呢？灾害与社会变迁具有互动关系。从马克思政治经济学的角度来看，灾害反作用于社会变迁，灾害能动的促进社会变迁，同时社会变迁也反作用于灾害。

（一）灾害对社会发展的影响

无疑，灾害对于社会经济的稳定发展是一种破坏性因素。例如，2009 年底至 2010 年初，我国西南五省市，即广西、云南、贵州、四川、重庆出现旱灾，灾情持续 5 个月，致使河流断流，农业绝收面积 111.5 万公顷，直接经济损失达 236.6 亿元。[①] 这场干旱对我国西南地区的正常社会发展造成很大的影响，阻碍了社会变迁的步伐。再如，日本广岛和长崎两市遭原子弹轰炸，造成当地民不聊生，致使当地社会发展的停滞。

不过，人类也会在灾害中不断积累经验，从而提高有效应对灾害的能力。社会在经过灾害的千锤百炼之后，也在灾害中缓慢地发展，在每次灾害发生之后，痛定思痛，吸取教训，提高自身的防灾抗灾能力，从而促进了社会变迁。日本是一个多地震的国家，特别是经历过 1932 年的关东大地震之后，日本居民的防灾意识和灾害自救能力都大大提高，促进了当地社会价值观念的变迁。由于地震的频发，也促使地震学学科的发展和各种抗震救灾等科技的发展。

社会变迁的过程总是在一定的自然和社会环境中进行的，自然和社会环境为社会的生存和发展提供了自然资源和物质条件，而灾害的发生，依赖于自然和社会环境，最终影响着社会的变迁。社会学家在研究灾害对社会变迁的影响过程中，还没有一个很宏观的社会变迁的研究，往往侧重某一特定的社会学范畴、特定的社会结构要素或社会局部变化的研究，归纳总结一些社会学著作中与灾害相关的社会变迁主要包括以下几种：

1. 人口变迁

人口变迁主要指人口数量、质量、构成及人口流动和分布的变化。灾害的发生会影响或改变人们赖以生存的自然和社会环境，进而导致相应的人口

---

① 腾讯西南干旱专题. http：//news. qq. com/zt/2010/drought/.

数量、素质变化及相应的人口流动。

2．经济变迁

经济变迁主要指物资资料生产在数量和质量上的变化，以及生产力、生产关系的变化。灾害对社会的影响，最直接地体现在经济的变迁方面。经济变迁是社会变迁的主要内容之一，对整个社会变迁起着决定性作用。

3．社会结构变迁

社会结构的变迁主要体现在社会群体和社会行为规范的变迁两个方面。富永健一将社会群体分为基础群体（家庭、亲属）、功能群体（组织）、地域群体、社会阶层、国家及国民社会五个群体。[①] 故可以认为灾害所引起的社会群体的变迁是由于灾害的影响导致以上五个群体发生的变化流动；社会行为规范的变迁是由于灾害的影响，人们为了满足生存和发展的需要，对其行为的硬规范和软规范在内容、相互关系以及功能方面的变迁。其中最主要的是社会行为规范体系中的社会政治制度变迁，即国体和政体的变迁。

4．社会价值观念的变迁

社会价值观念的变迁主要通过人们的行为规范和思想体系表现出来。它的变化往往是整个社会变迁的先导。灾害发生后人们社会活动所受到的影响都是不同程度地在价值观念的指导下发生的。为满足自身的各种需要而在各种生活领域进行活动的行为习惯，往往体现在人们的生活方式方面。

5．科学技术的变迁

随着现代社会的发展，科学技术的发展愈来愈快，对社会发挥的作用越来越大。每一次灾害的发生都会不同程度地引起科学技术的变迁。科学技术的变迁主要表现在科学技术发明创造的变化和科学技术研究规模、组织形式的变化。

（二）社会变迁对灾害的影响

首先，社会变迁影响着灾害种类和发生频率。随着社会的进步、工业经济的发展，当今社会出现了很多在农业社会所不存在的灾害，如核战争，由于工业经济的发展所造成的水污染、酸雨、石油泄漏、英国的“烟雾”等。不过这些新出现的灾害，大多属于人为灾害范畴。另外，社会变迁也影响着灾害发生的周期等，社会变迁包括跳跃的社会变迁和缓慢的社会变迁，不同

① 转引自青井和夫．社会学原理．刘振英译．北京：华夏出版社，2002. 123.

的社会变迁程度对灾害发生的环境有不同的影响，从而延长或缩小了灾害发生的周期。以地震为例，据地震专家统计，1900—1988 年，全球共发生 7 级以上的地震 1 285 次，平均每年 14. 6 次，爆发的频率远远超过了工业革命以前。①

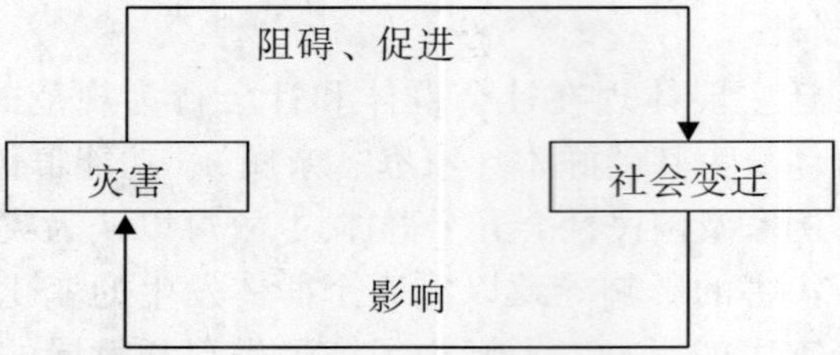

图 9－1　灾害与社会变迁的互动关系

其次，社会变迁也能够降低灾害带来的损失，社会文明的发展增强了人们的抗灾能力，社会科学的发展增强了人们预防灾害的能力，能够准确地预报灾害，甚至避免灾害。例如，曾经被称为“19 世纪的世界病”的霍乱，在现今已没有了“世界病”的趋势。由于社会的变迁，现今已经发明出专门针对“霍乱”的预防疫苗，并且现今的医疗技术也足以应对“霍乱”的危害。

第二节　灾害与人口变迁

灾害作为人与自然、社会矛盾的一种紧张、冲突状态，存在于各种社会形态和社会发展的各个历史时期。它不仅反映人与自然的矛盾，更反映和加剧了人与人之间的矛盾。

灾害作为人类无法控制的具有破坏力的自然力，对人口变迁造成很大的影响。自然环境遭到破坏时，势必会造成大规模的人口变迁。

---

① 宋俭，王红．大劫难．武汉：武汉大学出版社，2004. 5.

一、灾害导致人口数量变化

灾害的发生往往造成大批社会成员的非正常死亡，致使人口数量剧变。灾害对人类的伤害主要有两种情况：一是灾害过程中，自然力直接对人类造成伤亡；二是由于灾害造成人们生存条件的恶化，从而造成伤亡，如干旱造成的饥荒，地震受伤人员由于缺乏及时的医务治疗而造成的死亡等。① 回顾历史上的自然灾害，每一次自然灾害过后，都造成大量的人员伤亡。

1976 年 7 月 28 日凌晨 3 时 42 分，河北省唐山市发生了 7.8 级大地震，顷刻间，24.2 万人死亡，受伤人数高达 100 多万。② 2004 年 12 月 26 日，北印度洋海域发生了里氏 9.0（美国地震局测定）的大地震，引发印度洋大海啸，致使印度洋沿岸的印度尼西亚、斯里兰卡、泰国、印度、缅甸、马来西亚等 12 个国家先后遭袭，造成 30 多万人死亡，大约 13 万人失踪。③ 另根据邓拓在《中国救荒史》中的统计，在清朝嘉庆十五年到光绪十四年（1810—1888 年）这 79 年间，重大灾荒的死亡人数竟达 6 278 万人；在民国九年至二十五年的 16 年中，死于自然灾害的人数也已达 1 800 多万人。④

虽然灾害发生过程中造成人口数量大量减少、死亡率增高，但是灾害过后往往会出现一段人口增长的高峰期，人口生育率急剧上升，从而使人口数量增加，造成灾区人口增长周期性波动。从这个层面上看，灾后的高出生率正是对灾害发生过程中高死亡率适应过程的表现。根据吴承明（1988）对中国近代人口增长率的调查数据表明，1840—1873 年，由于太平天国以来长期战争的影响，这一时期人口平均年增长率为 -5.4%，1873—1893 年，平均年增长率已达到 4.8%。⑤ 在 1873—1893 年的 20 年间，人口增长率有所增加，可以视为太平天国战后新增人口的生育恢复期。美国学者通过对孟加拉国的饥荒研究也清晰地揭示了饥荒的人口反馈机制：死亡率的上升是饥荒中最直接、最显而易见的后果，在饥荒时期，死亡率上升到最高峰，结束后，死亡率逐步下降，甚至到饥荒前的水平。相应地，人口出生率会大幅增加，甚至

---

① 汪汉忠．灾害、社会与现代化．北京：社会科学文献出版社，2005. 61.

② 吴正清．大灾难．北京：新世界出版社，2008. 240.

③ 吴正清．大灾难．北京：新世界出版社，2008. 198.

④ 邓拓．中国救荒史．北京：北京出版社，1998. 142，143.

⑤ 吴承明．中国近代农业生产力的考察．中国经济史研究，1989（2）.

有可能超过饥荒前的水平。他们认为，“饥荒的人口反馈对受灾居民长期的总体规模没有什么影响，饥荒后的高生育率通常弥补了先前的人口损失，死亡或许在短时间内会减少人口总数”。如孟加拉国1974年的饥荒造成全国2%的人口死亡，但饥荒后每年3%的人口增长率使之不到一年的时间内便恢复到过去的人口规模。[①]

灾害的到来，使得死亡率大大增加，这是由客观的环境决定的，人类的主观意愿对此影响较小，但是出生率主要由人类意愿所决定。灾害过后，其社会环境往往比较平和，有利于人们的休养生息，且国家政府往往也会给予一定的经济生活优惠条件，从而促进了出生率的增高。另外，人是最主要的社会生产力，“多子多福”和种族繁衍机制也已成为一种特殊的求存机制。在其他资源匮乏的条件下，唯有以大量追加劳动投入的方式来降低灾害对其的影响。雷迪和考德威尔（1984）对孟加拉国的卡纳塔卡地区进行了干旱调查，其调查研究表明灾害过后随之而来的往往是出生率的增大。卡纳塔卡地区经常发生旱灾，旱灾过后，往往导致当地农民收入不稳定，基于这种收入不稳定的认识，当地农民往往通过多育子女来规避这种长期风险，为的是危机期间其子女能够用现金收入资助家里。这种长期的避险战略增大了保险系数，降低了灾害来临时的风险。[②] 综观中国几千年的传统救灾策略中，《周礼》荒政十二条，其中一条也是鼓励生育，这样一种不自觉的个体行为也上升为国家既定的救荒政策，这同时也是对这种求存机制一种更加自觉的经常性的思想强化。

二、自然灾害与人口流动

人口流动包括自发性的人口流动和强制性的人口流动。自发性的人口流动往往是因为自然灾害等，人们为了逃避天灾战祸而自发地流动迁移。强制性的人口流动一般指政府基于军事、政治、经济诸原因有组织、有计划、有目的地迁移。

“大灾之后，必有大逃亡”，人们为了躲避灾害，寻求生存空间的这种人

① Bongaarts，John and Cain，Mead. Demographic Responses to Femine. In：Cahill，Kevin（ed.）. *Femine*. New York：Orbis Press，1982. 44 – 59.

② 彭尼·凯恩. 中国的大饥荒：1959—1961：对人口和社会的影响. 郑文鑫等译. 北京：中国社会科学出版社，1993. 20.

口流动往往属于自发性的人口迁移。历史上大规模的自发人口流动有东汉末年到隋朝初年四百年的战乱，中原地区（黄河流域）的人们大量逃亡到江南地区（长江流域）；北宋灭亡以后，中原沦陷，士大夫及广大百姓随宋朝宗室纷纷南迁。[①] 这是历史上最大的两次自发性的人口流动，也造成了我国汉族群体分布格局范围扩大，在一定程度上促进了各民族的交融。

池子华在《中国流民史·近代卷》中对民国时期（1912—1949年）的人口流动至东北地区的规模作了一个规模量化表，表中指出内地流入东北的人数是19 847 747人，回流人数为11 840 271人，在东北留住定居人数为8 007 476人。其中根据南京大学经济学系对人口流动原因的调查分析，在所取样本中，由于灾害造成的流动竟达27.3%。[②] 山东省是我国北方水旱灾害最严重的省份之一，1840—1948年的109年间，除1882和1895两年之外，其余107年山东均有不同程度的灾害发生。[③] 多发、严重的自然灾害使山东成为当时主要的人口流动输出地。据池子华统计，上述“闯关东”人数之中，绝大多数为山东人。

由于灾害等原因造成的大规模人口迁徙流动，对迁入地的人口分布、社会生活也造成了各种各样的影响。1860年（咸丰十年），清朝宣布关东（吉林、辽宁、黑龙江三省）向流民开放，不再视为非法。由于灾害及战争的影响，大量来自山东、河南、陕西等地的灾民迁移至此，对东北地区的人口分布，社会风俗都造成了一定的汉化影响。关东是以满族为主体，满族、蒙古族、朝鲜族、达斡尔族、鄂伦春族等民族同构共存的少数民族社区。大量汉人进入关东生活后，在关东地区形成众多“山东村”、“河北村”等，促进了民族的多元化发展及民族文化的融合，改变了原始的民族分布格局，为“中国民族向北发展创造了新纪元”[④]。清朝初期，满族入主中原之后，在关东地区实行闭关政策以固满族风俗。但是自1860年以后，随着灾民不断流入关东地区，满族固有的社会文化传统也逐渐汉化，到19世纪初，“黑龙江以南的满洲几乎人人会说汉语，许多满人甚至已经丢掉了自己的母语，此即汉化的

---

① 张青．洪洞大槐树移民志．太原：山西古籍出版社，2000. 36.

② 池子华．中国流民史·近代卷．合肥：安徽人民出版社，1996. 126 ~ 128.

③ 山东省地方史志编纂委员会．山东省志·水利志．青岛：山东人民出版社，1994. 65.

④ 朱契．满洲移民的历史和现状．东方杂志，1928，25（12）．

结果”①，中原文化迅速在关东地区扩散，并占主流地位。台湾学者赵中孚也发现：在社会意义上，东三省基本是华北农业社会的扩大，两者之间有空间距离，但却没有明显的文化差别。华北与东三省之间的语言、宗教信仰、风俗习惯、家族制度、伦理观念、经济行为都大同小异。最主要的是，东三省移垦社会成员，没有自别于母体文化的意念。② 由此可见，灾民的迁入对关东地区的社会文化、生活、人口影响非同小可。灾民在其逃荒、迁移过程中，不自觉地将其原有的文化、生活带入迁入地，从而对迁入地的经济、生活等造成各种影响，最终形成文化的交融。

小资料

光绪二年八月初四日，《申报》报道了灾民迁徙的情景：“山东避荒之人，至此地者纷至沓来，日难数计。前有一日，山东海舶进辽河者竟有三十七号之多，每船皆有难民二百余人，是一日之至牛庄者已有八千余名，其余之至他处马（码）头者尚属日日源源不绝。闻逃荒难民之言，中有一村之人，向共住有二百家，今逃出至此者已一百二十家，他处亦可想见。难民在家既难求活，欲逃又无川资，不得已，尽将家中器具什物变价，以供旅费，但卖去所得之尚未及半。至家中余薄田，更无受主，无可奈何，惟有尽行弃之而已。若少存爱惜，犹恋乡园，恐全家这样俱堕饿鬼道中矣。”通过记载可以看出灾害对人口流动造成的影响及规模，再现了人们别处求生的拥挤画面。

资料来源：转引自池子华．中国流民史·近代卷．合肥：安徽人民出版社，1996．139.

2008 年 5 月 12 日，四川汶川发生的里氏 8.0 级大地震，其释放的能量使大量生存资源瞬间摧毁，在一定程度上改变了当地居民赖以生存的自然环境和社会环境，由于灾区破坏严重，故灾后人口迁移是人们重建家园的不二选择。而此次地震的重灾区是中国羌族人口世代居住之地，灾民的外迁势必会影响先前的人口分布格局，改变羌族集居现状。根据 2000 年四川省人口普查

① 费正清．剑桥中国晚清史·上卷．中国社会科学院历史研究所编译室译．北京：中国社会科学出版社，1993. 45.

② 赵中孚．近代东三省移民问题之研究．近代史研究所集刊，1974（4）.

数据计算，此次18个受援灾区羌族人口总量为28.6万，占全国羌族总人口的95%。[①] 灾情最严重的北川县就是中国唯一的羌族自治县。羌族人口最为集中分布的汶川、北川、茂县、平武、安县等都是极重灾区。虽然在人口迁移过程中尽可能保存羌族人口居住空间的完整性，但是完全复制地震前那种高度集聚的格局并非易事，羌族的人口分布最终仍会改变。

三、自然灾害与人口结构

自然灾害的发生，以其极大的破坏力直接或间接造成灾区社会成员的非正常死亡和人口流动，从而影响灾区乃至整个社会的人口结构。人口结构是指一个国家或地区内部人口不同特征与要素的构成及其相互之间的比例关系。[②] 根据一些标准，人口可划分为不同结构，本章主要以年龄、性别、地域为划分对象，将人口结构划分为年龄结构和性别结构。这也是本章人口结构的研究对象。

首先，以中国民国时期频发的自然灾害为例，研究当时的自然灾害造成的年龄结构和性别结构的变化。

当无情的灾害降临之际，由于老人和少儿的身体素质等原因，往往使他们在灾害面前成为最没有抵抗能力、最易遭受打击的人群。1931年，由于7月份降水较多，长江、淮河等众多河流泛滥成灾，造成了严重的破坏。表9-1为1931年江淮大水中死亡人数的年龄构成，从该表中我们可以看出此次洪灾造成的年龄结构的变化。

表9-1　1931年江淮大水人口死亡年龄构成

	5岁以下	5~14岁	15~29岁	30~44岁	45~59岁	60岁以上	人口死亡男女性别比例
男（%）	33	20	15	14	9	9	55
女（%）	27	20	14	12	10	17	45

资料来源：金陵大学对1931年水灾后死亡者年龄的调查，参见夏明方．民国时期自然灾害与乡村社会．北京：中华书局，2000.113.

---

① 沈茂英．5·12汶川大地震受灾人口特征与生存环境变化分析．西北人口，2008（6）．

② 文献良等．人口社会学概论．成都：四川教育出版社，2010.185.

从表9-1中，我们可以看出5岁以下的婴少儿死亡率最高，男女平均死亡率在30%左右，但45岁以上的中老年人死亡率明显比其他年龄组的死亡率低，考虑到民国时期的人均寿命偏低，老年人在总人口中的比例也比较低。综合起来看，江淮大水造成的老年人死亡率也是比较高的。通过分析可以看出，1931年江淮大水灾的侵袭，造成灾区灾民的人口构成中老年人和婴少儿构成比例降低，相对应地，青壮年比例上升，但是绝对人口减少，并且这一现象规律在民国时期的灾区普遍存在。

另外，夏明方认为，在遭受自然灾害的打击之后，由于生活贫困，灾民的“弃婴”行为也降低了人口构成中婴少儿的比例。他认为，“灾荒期间壮者不仅是一个家庭抵御灾时其他各种侵害并得以维系生存的守护神，而且也是灾后延续种族的唯一希望，当食物极度匮乏不足以支撑全部家庭人口时，舍弃或出卖幼儿成为其减轻负担或缓解灾情的最后手段之一”。还有因为灾区灾情严重，年轻有为的青壮年为了生存会大规模地逃离灾区，故使灾区多为老弱病残之流。①

灾害不仅带来了人口结构中年龄结构的变化，也影响了灾区的性别结构。由于我国传统重男轻女思想，在弃婴二选一的情况下，女婴往往比男婴更难逃被抛弃的命运。另外，由于自然灾害严重，人口贩卖也为灾民养家糊口的手段，在我国近古代，哪里自然灾害严重，哪里贩卖人口的活动就越猖獗，而未成年少女和已婚的少妇等成为人口贩子的绝佳对象，在“丁戊奇荒”（1877—1878年发生在中国北部的特大旱灾）中，山西全省被贩卖出境的妇女儿童多达百万以上，致使陕西省在1909年的人口统计中，男女性别比高达1.355∶1。② 1928—1930年的西北大旱灾，据赈务机关调查显示，陕西37县妇女除死亡985 317人，迁逃725 517人，被拐卖者也达308 279人。③

其次，我们以日本阪神大地震为例，研究地震这种突发性大、破坏力强的灾害所带来的人口结构的变化。1995年1月17日，日本以神户市为中心，兵库县南部发生了里氏7.2级的垂直型大地震，地震毁坏房屋总计19万幢，震后不久死亡人数就达5 500余人，之后包括相关者在内，死亡人数超过了6 400人。图9-1为神户大学以3 651名死者为抽样的死者年龄构成图。其中

---

① 夏明方．民国时期自然灾害与乡村社会．北京：中华书局，2000. 116.

② 转引自马宗晋等．灾害与社会．北京：地震出版社，1990. 331.

③ 朱世衍．从中国人口说到陕西灾后人口．新陕西，1935（2）.

3 651 名死者占全部地震死亡人数的66.4%，占神户市死亡人数的93.7%。[①]

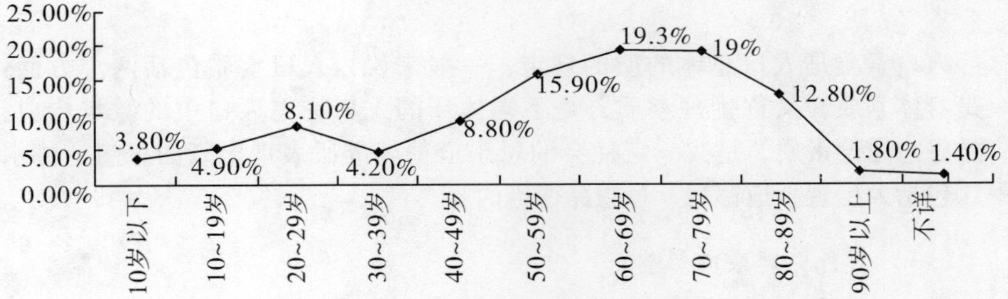

图9－1　1995年日本阪神地震死者年龄分布

据资料介绍，该调查的死者年龄从0岁到103岁，包括了所有年龄层。从图表中可分析出，此次大地震中60～79岁之间的老年人死亡率最高，占抽样人口的38.3%，50～89岁中老年人死亡率为67%，这说明此次大地震主要影响了神户地区年龄构成的中老年人部分，这主要是受害者集中于“旧城区”中心的破旧木质住宅区，而有很多老年人一直住在那里的原因。另外，在此次调查的死者中，男性1 427人，女性2 165人，不详14人，从男女所占的比例来看，男性40%，女性60%。[②] 女性死亡比例大大超过男性，虽然说日本高龄女性比例本来就高于男性比例，但是如此大的性别比例还应该归因于在地震发生时，由于男女体力、身体素质差异等原因，在房屋、家具倒塌时女性的逃生几率要小于男性。

综观两个自然灾害的案例，我们可以得出以下结论：在灾害发生时，老年人和婴少儿通常是最易遭受伤害的对象；在男女比例方面，灾害发生时和发生后，女性受到的伤害会更大于男性，女性这一弱势群体的劣势在此也暴露无遗。

① 北京日本学研究中心，神户大学．日本阪神大地震研究．宋金文，邵建国监译．北京：北京大学出版社，2009.9.

② 北京日本学研究中心，神户大学．日本阪神大地震研究．宋金文，邵建国监译．北京：北京大学出版社，2009.8.

四、自然灾害与人口素质

人口素质是人口总体的质的规定，一般来说，人口素质包括两个方面：一是身体素质，又称生理素质，是不同体质的人口在总人口中的数量构成；二是思想道德素质，是按一定社会的思想道德标准所表现出来的思想道德水平，包括人生观、道德观、思想品德等内容。

（一）对身体健康的影响

一些灾害对人口素质造成影响，往往最直接体现在身体健康上，主要表现为伤残、营养不良。例如，地震、泥石流、洪涝、海啸、飓风等自然灾害的影响，往往造成人们直接的身体伤残。而营养不良等一般是由于干旱、洪涝等造成的饥荒及随后爆发的疫病，以及现代的工业污染、化学物质中毒等造成的。2008 年 5 月 12 日，我国发生了震惊世界的汶川大地震，此次地震面波震级达到 8.0 级，矩震级达到 8.3 级，据不完全统计，此次地震共有69 227人遇难，受伤人员达 374 643 人，另有 17 923 人失踪。受伤人数竟然是死亡人数的 5.41 倍。1923 年 9 月 1 日，日本横滨和东京一带发生了里氏 8.3 级的关东大地震，此次地震发生后随之引起火灾和海啸等灾难，摧毁了关东一切可以摧毁的东西，共造成 99 331 人死亡，受伤 1 033 733 人，失踪 43 476 人。① 这些大地震造成众多的受伤人员，对灾后人们的身体素质造成了很大的影响。

20 世纪七八十年代的非洲大干旱，至今想起，仍然心有余悸。这场大干旱，使非洲经历了百年不遇的大饥荒，从非洲北部到南部共有 34 个国家遭受大旱，1.5 亿～1.85 亿人受到饥饿的威胁，致使这一时代的非洲人群身体素质极差，到 1985 年年底，大饥荒使上百万严重营养不良的人们成为幽魂。②

另外，灾害造成当地灾区民不聊生，青壮年男女往往逃往外地，或者被贩卖，对灾区后来的人口的身体素质也产生了消极的影响。在灾害严重的时候，往往也是贩卖人口市场比较发达的时候，灾区优秀的漂亮的女子往往被贩卖至外地，换言之，她们是身心两方面发育得比较健全的女子，也是下一

---

① 高丹．灾难的历史．哈尔滨：哈尔滨出版社，2009. 198，92.
② 高丹．灾难的历史．哈尔滨：哈尔滨出版社，2009. 160.

代的母亲，从优生学、遗传学的角度来说，大量优秀青年的流失，必然会使灾区人口素质一代不如一代。①

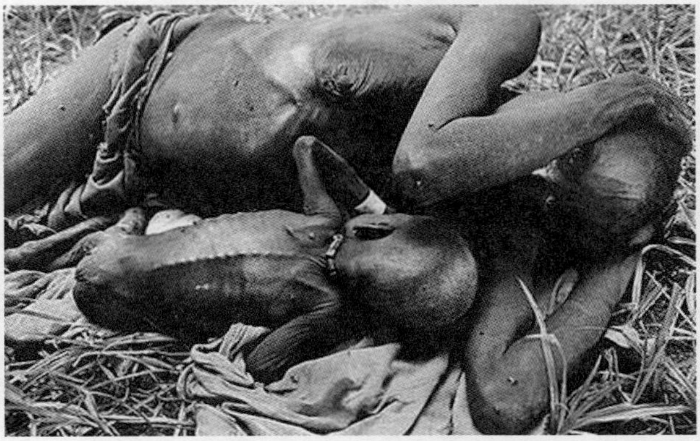

图 9－2　因饥饿受煎熬的非洲难民

长期受干旱、饥饿影响的母亲，其皱巴巴的乳房已经萎缩，她的肚子也已经开始水肿，她已经坚持不了几天了。引自百度图片 http：//hi. baidu. com/cyxlgf _ /blog/ item/53f3fdc33f9bcd57b219a817. html.

（二）对精神健康的影响

1995 年的日本阪神大地震也对地震灾民的人口素质造成了一定的影响。根据对“精神康复中心”的一个医务人员在灾区开办的神经科诊所（1995 年 2 月至 1999 年 6 月末）的上门求医者的调查显示，以地震引起的 226 名精神疾患为样本，其中有不安、抑郁症状的患者占 46. 9%，有失眠症状的占 11. 5%，有自律神经失调的占 17. 6%，有精神病症状的占 3%，有幻觉妄想、怪异等症状的占 9. 7%，有痴呆、意识障碍等症状的占 4. 4%，有其他症状及部分终止治疗未统计的占 6. 9%。②由以上数据我们可以看出几乎一半的就诊患者有抑郁症状，但是前来精神科就诊的患者只是地震受灾者中极小的一部分，况且以上数据也仅是一个医务人员的诊所而已。故我们可以想象，还有

① 王林．山东近代灾荒史．济南：齐鲁书社，2004. 349.

② 数据由《日本阪神大地震研究》（北京日本学研究中心、神户大学编，宋金文、邵建国监译）第 130～132 页表格整理得来。

多少患者在地震影响并不自觉的情况下身心遭受折磨，我们可以想象地震对灾区的人口素质造成了多大的影响。

对此，我们认为，自然灾害对人口素质的影响，无论是从身体方面还是精神健康方面都有极其消极的影响。

第三节　灾害与经济、社会、科技变迁

灾害的破坏作用不仅体现在人口变迁方面，还对经济发展、生产力结构、社会结构等造成非常大的影响。自然灾害直接造成了人员伤亡和财产损失，但是也有可能衍生出其他一些损失，会间接导致整个经济系统功能的衰退、社会结构的变迁，还会造成社会动荡不安，甚至造成国家政权的更迭和文化断代。

一、灾害与经济变迁

灾害的破坏作用不仅体现在人口迁移方面，还对当地经济发展、经济系统的正常运转有着不容忽视的破坏力。

灾害对经济方面的影响，最直接的表现在经济损失方面。灾害往往会造成大量的经济损失。其所造成的经济损失既包括直接的经济损失，也包括间接经济损失和衍生经济损失。直接经济损失是指“有形受灾体”因灾损毁后直接造成的初始的经济损失，包括因灾损毁的受灾体价值、修复费用和抗灾救灾费用等。间接经济损失是指因灾害直接破坏损失的后延效应（如停工、停产以及交通中断等）所产生的经济损失。衍生经济损失是指由灾害直接经济损失或后延效应所造成的损失。[①] 对于一般灾害造成的损失，后两者所造成的损失比直接经济损失更严重、更大，但是后两者的损失往往更难以估计。灾害经济损失构成如图 9－3 所示：

---

① 科技部国家计委国家经贸委灾害综合研究组．中国重大自然灾害与社会图集．广州：广东科技出版社，2004. 150.

- 灾害经济损失构成
  - 直接经济损失
    - 房屋以及交通、通信、电力、水利等工程设施被破坏的经济损失
    - 畜禽、养殖品死亡以及农产品、农作物、林果、花卉被破坏的经济损失
    - 机器设备、车辆、飞机、舰船、仪器仪表以及工业材料被破坏的经济损失
    - 办公、生活用品及商储物资等经济损失
    - 抗灾救灾、重建费用
  - 间接经济损失
    - 企业停工、停产的经济损失
    - 交通受阻的经济损失
    - 农林牧渔业生产的经济损失
  - 衍生经济损失
    - 因灾经济结构失衡导致的损失
    - 因灾影响基本建设投资导致的损失

图 9－3　灾害经济损失构成

小资料

灾害的经济后果

1906 年 4 月 18 日清晨，美国旧金山发生了里氏 8.3 级的强烈地震，地震引起的大火，烧了三天三夜，吞没了 10 平方千米的市区，摧毁了 5 000个街区，28 000 幢建筑，导致 3 000 人死亡，20 多万人无家可归，对于当时世界上最繁荣的超级都市之一，这样的灾害无论是从直接经济损失、间接经济损失还是衍生的经济损失来看，都造成了极其严重的后果。

2001 年 9 月 11 日，人类历史上最严重的恐怖袭击事件在此时发生，恐怖分子驾驶四架劫持的客机撞进纽约世贸大厦、五角大楼等建筑，顷刻间无数生命灰飞烟灭，世贸双子星大楼夷为平地。9·11 事件共造成 2 998 人罹难（不包括 19 名劫机者），在经济上产生了重大且实时的影响。美国世贸中心是美国财富的象征，大量投资型公司设在世贸中心里，这次恐怖袭击使大量投资公司丧失了大量财产、员工与数据。全球

许多股市受到影响，纽约证券交易所直到9·11事件后的下一个星期一才重新开市。道琼斯工业平均指数开盘第一天下跌14.26%，美国汽油价格大幅度上涨，9·11事件甚至加深了全球经济的萧条。9·11恐怖袭击灾害对美国经济损失甚至全球经济的影响可见一斑。

资料来源：李杰卿．不可不知的世界5 000年灾难记录．武汉：武汉出版社，2010.102～103，295～297.

灾害造成的经济损失，一方面，随着灾害活动的强弱变化而变化，另一方面，又伴随着经济发展和社会财富的增加而增加。经济越是发达，灾害损失程度就越大，由于人口的不断增加，社会财富的不断积累集中，即使是同样规模和强度的灾害，发生在现在的经济损失程度大大高于过去，当然，未来的灾害损失也大于现在。灾害所造成的经济损失随着时间的推移而加大已是一个全球化的现象。据统计，20世纪60年代到90年代，全世界自然灾害所造成的损失已达2 000多亿美元，其中60年代损失约400亿美元，70年代为600亿美元，80年代达到1 200亿美元。①

1949—2000年，中国自然灾害直接经济损失总体上也是呈上升趋势的。按照1990年人民币为基准，20世纪50年代，自然灾害的直接经济损失年均380亿元；60年代年均440亿元；70年代略有下降，年均约为420亿元，这主要是因为文化大革命期间中国整体经济发展水平整体不高所致；80年代上升较快，年均570亿元；90年代直接经济损失大幅度上升，年均达到1 185亿元。②

二、灾害与社会结构变迁

灾害产生的影响不仅仅局限于人口和经济方面，频繁的灾害对社会也产生不可忽视的影响。从微观来看，灾害会导致家庭破碎、亲人离散；从宏观角度来看，灾害甚至会造成国家政权的更迭。

---

① Gerhard Berz. Natural Disasters and Insurance Reinsurance. *Undeo News*, 1990, Jan./Feb. 18－19.

② 科技部国家计委国家经贸委灾害综合研究组．中国重大自然灾害与社会图集．广州：广东科技出版社，2004. 150.

（一）家庭结构的变迁

灾害的发生，对社会成员最直接的伤害，就在于家庭的破碎。人和家庭作为社会的最基本组织结构，在灾害面前“首当其冲”。灾害的发生造成大量的人员伤亡，造成上千万家庭支离破碎，从而引起家庭结构的变化。

1976 年 7 月 28 日凌晨，7.8 级的唐山大地震造成 242 769 人丧生，164 851人重伤，70 多万人受轻伤（以上数字包含京津地区），15 886 户家庭解体，7 821 个妻子失去丈夫，8 047 个丈夫失去妻子，3 817 人成为截瘫患者，25 061 人肢体残废，3 675 位老人失去儿孙，4 202 个 10 岁以下的孩子没有了双亲①，近万个家庭破碎。2008 年 5 · 12 汶川大地震中，大量的家庭也遭受了人员伤亡、房屋和财产损失，据估计，四川全省有 500 多万人在地震后无家可归；在极重灾县平均每 100 户人家中至少 6 个家庭有遇难直系亲属。②地震后，原有的许多社区不复存在或发生了巨大变迁。仅北川县就出现 2 000 多个单亲家庭，家庭结构和社会人文关系的破坏使个体丧失了亲人、居所和情感支持，也使社会稳定性下降。灾区群众对家乡的归属感降低，甚至对原定居地产生了某种程度的恐惧、压力、厌恶等心理负担。这些家庭的存系需要政府在以后的生活中给予充分的支持。

（二）社会冲突及变革

重大型灾害对人民生活造成了沉重的打击，社会因素加剧了灾害的破坏程度，天灾和人祸的双重挤压加重了人们的生存危机。为了满足基本的生存需要，有时人们不得不采取违背现有社会规范的方式求生存，爆发了各种各样的社会冲突。

灾害的发生规模与社会冲突为正比关系，灾害的规模越大，造成的损失越多，社会就越不安定，越容易发生社会冲突 。清末，义和团运动如火如荼，为了反洋需要，义和团向广大灾民扩充军队，而“部分灾民则以天气的阴晴作为是否参加反洋教斗争的主要动机”。③《山东大学义和团调查资料汇编》

① 梅智敏．唐山大地震是 20 世纪世界人员伤亡最大的地震．搜狐新闻，http：//news. sohu. com/20060728/n244502406. shtml.

② 刘家强等．灾后重建中的人口迁移问题研究．人口研究，2008（5）．

③ 王林．山东近代灾荒史．济南：齐鲁书社，2004. 340.

记载了这样一则史实："刘士瑞组织大刀会。那一年干旱，麦没收好，人心惶惶，饥饿所迫。激起民愤，鲁西南几个县在大刀会的旗号下动了起来。聚集在安陵堌堆一带，声势浩大。刘穿着戏服，骑马拿刀，自称皇帝，穿黄衣做轿。结果麦后下了几场大雨，群众分散回家种豆子去了。"① 当地官方有文献也证明了灾害与社会冲突的关系，如1990年7月16日（光绪二十六年六月二十日）馆陶县禀："本年自春徂夏，雨泽愆期，麦收既嫌歉薄，秋禾迄复未种。屡经卑职设坛祈祷，终未获沛甘霖。民心惶惶，于是饥民纷起均粮。……及月之初四日得雨后，虽未透地，然间有可以布种秋禾之处，民心稍安，均粮之风遂亦渐息。"② 英国驻华公使窦纳乐则更加坚信灾害与社会冲突的关系，他认为："只要下几天大雨，结束持续已久的干旱（导致发生社会冲突的重要原因），就能恢复平静。雨水比中国政府或外国政府采取的任何措施都管用。"③ 灾害的发生往往造成恶劣的生存环境，农民逼不得已，弃良为寇，造成社会冲突，从而造成社会不安定。

当灾害对社会生活造成的影响更加恶劣、影响范围日益扩大时，众多百姓民不聊生，生存难以维持，社会矛盾进一步激化，人民财富迅速流失，进而造成更大的社会冲突。

明朝末年，崇祯帝即位期间，华北地区灾荒连年，人民处于水深火热之中。《明史》有记载言：崇祯元年（1628年）十二月，"陕西饥民苦加派，流贼打起"。"九年（1636年）二月，陕西人饥，人相食。乙酉宁夏饥，兵变。""十一年（1638年）六月，山东、河南大旱，蝗。""九月陕西、山西旱饥。"十二年（1639年），"六月畿内，山东、河南、陕西旱蝗"。崇祯十三年（1640年），"蝗遍野盈尺，百树无叶，赤地千里，斗麦两千。民掘草根剥树皮，骸骨纵横，婴儿捐弃满道，人多自草标救售，辗转沟壑者无算。此年春，复疫疠继起，死亡过半。突变之异未有甚于此者"。……在旱灾、饥荒、蝗灾、瘟疫等各种灾害的袭击下，最终逼得灾民走上了反叛的道路——翻天覆地的农民起义爆发了，农民起义首先在陕北爆发，主要因为陕北灾害严重，连年的水旱灾害，草根树皮都被抢食一空，人们被迫吃山中泥土和石块青苔，再加上当地政府催租紧迫，灾民忍无可忍，最终爆发农民起义。起义很快以

① 路遥．山东大学义和团调查资料汇编（上册）．济南：山东大学出版社，2000. 638.

② 王林．山东近代灾荒史．济南：齐鲁书社，2004. 341.

③ 柯文．历史三调：作为事件、经历和神话的义和团．南京：江苏人民出版社，2000. 68～69.

燎原之势遍布全国，在高迎祥、李自成、张献忠等的率领下，农民起义很快获得了初步的胜利。崇祯十二、十三年（1639—1640 年），河南、山东、河北等地连续发生严重旱灾和蝗灾，豪绅地主对农民的剥削更加严重，灾民到处揭竿而起，各地的起义军灾民争相依附，农民起义军队伍发展速度很快，最终在崇祯十七年（1644 年）二月起义军在李自成的带领下攻至北京，十九日晨，崇祯帝在煤山自缢。李自成率领的农民起义军推翻了明王朝。①

小资料

灾害的社会后果

1970 年的孟加拉国还没有脱离巴基斯坦，属于东巴基斯坦地区。这一年，孟加拉国遭遇了一场惨重的热带风暴灾害，正是这场灾难，引发了巴基斯坦的内战，最终导致孟加拉国的独立。这场台风不仅造成了50多万人的死亡，100 多万人的无家可归，也沉重打击了恒河三角洲原本脆弱的经济，28 万头耕牛死于潮水之中，众多渔船被冲入大海，4 000平方千米的稻田被泥土淹没，马上就要收获的稻子75%烂在田中。贫困和饥饿残酷地威胁着灾民的生活。另外，灾后自来水管坍塌，饮用水也成了大问题，再加上霍乱病的侵袭，使原本贫瘠的土地经过台风的扫荡之后，文明只剩下几丝微弱的印记。由于灾害救援问题，当时政府备受东巴基斯坦反对党和灾民的谴责，加深了东巴基斯坦与政府之间的矛盾，要求孟加拉国独立的声音越来越大。1971 年 3 月，一无所有的灾民们揭竿而起，在拉赫曼的领导下从灾难中挣扎出来投入到枪战中，谋求生活的改善。最终一个新的政权——孟加拉国建立了，这成为世界上唯一一个由台风催化而成的国家。

资料来源：宋俭，王红．大劫难．武汉：武汉大学出版社，2004. 280 ~283.

另外，日本历史上也曾因灾害原因导致政权更迭，据资料表明，其因灾害导致改换年号的就有 15 次，其中大雷雨 1 次、台风 7 次、地震 7 次。② 中

① 孟昭华．中国灾荒史记．北京：中国社会出版社，1999. 540 ~545.

② 转引自马宗晋等．灾害与社会．北京：地震出版社，1990. 325.

国自西周的周幽王到清朝的光绪帝期间也有19个皇帝（不含战国、三国、南北朝、五代、辽、金）在地震的当年、次年或者连续几年发生地震后发生帝位更迭。①

明朝灭亡，孟加拉国独立，年号更改，这些政权更迭的直接原因往往是天灾，导致人们民不聊生，无以生存，逼不得已，揭竿而起。由此可见灾害的破坏力不容小觑，甚至可以造成政权的颠覆，因此我们一定要重视灾害对社会生活所造成的影响，加大防灾抗灾减灾的力度，维护社会稳定。

三、灾害与科学技术的发展

灾害的发生，给人们的生活造成极大影响，对人类生存造成威胁，迫使人们要研究灾害，预防灾害的发生，减轻灾害造成的损失。减轻灾害造成的损失是一项复杂的自然、经济、社会系统工程，它必须依靠科技进步，树立科学的减灾理念。减灾不仅需要许多基础学科的支持，揭示灾害的形成机制和活动规律，还需要各种高新技术实现防灾减灾。因此，在攻关防灾减灾这一世界性复杂难题的过程中，许多科学技术也得到了发展。

东汉年间，自然灾害频繁，地震频发。自杰出科学家张衡12岁那年起，到其逝世后的半个世纪，共发生了53次地震。119年，春、冬两次发生大地震。春震波及京师及42郡（当时共105个郡），大地陷落，地裂泉涌，房倒屋塌，人畜死亡无数。人们在频繁的灾害面前束手无策。最终，55岁的张衡经过长期研究，研制出了世界上第一台探测地震的仪器——地动仪。地动仪外形如酒坛，内部有机关，四周按八个方向装着八个龙头，龙嘴里含着一个小铜球，每个龙头下放着张口望天的铜蛤蟆，每当测出哪个方向要发生地震，龙嘴就会自动张开，铜球落入铜蛤蟆中，发出地震警报。② 地动仪的发明，提高了地震预测的准确性，降低了地震对人类社会造成的损失伤害，在地震预测史上有着非常重要的作用。

灾害种类的多样化，使防灾减灾的任务呈现出复杂性。多种科学技术都有了很大的发展，对于干旱、暴雨、沙尘暴、冰雹、霜冻等气象灾害，人们先后进行了人工增雨技术研究，沙尘暴发生机理研究，人工消雹、气候资源

---

① 转引自马宗晋等．灾害与社会．北京：地震出版社，1990. 345.

② 孟昭华．中国灾荒史记．北京：中国社会出版社，1999. 171～174.

开发利用研究，卫星遥感技术应用研究，气象灾害预测与防御技术研究，中短期天气预报方法等研究工作①，推进了人们对气象灾害的认识，丰富了气象灾害研究的科学理论，促进了气象灾害在预防、减灾等方面的技术发展。

人类生活历史是自然灾害频发的历史。综观历史文献，频发的水涝灾害，促进了水利事业的发展；“大灾之后必有大疫”，疫情的传播，促进了医学的发展。例如，葡萄牙里斯本大地震，促进了近代地震学的兴起；第二次世界大战，促进了第三次科技革命的兴起等。灾害在摧残人类生活的同时，也促进了科学技术的发展。

第四节　社会变迁对灾害的影响

灾害伴随着人类社会的发展，灾害的历史与人类社会发展的历史一样悠久。随着人类社会的发展和科学技术的发展，人们对灾害的认识日益加深，灾害也处于不断的发展变化中，传统农业社会的灾害与工业社会、第三次科技革命后的灾害有着很大的不同，随着社会经济的发展，工业社会期间，灾害也出现了许多“因地而异”的新面孔。

一、传统农业社会的主要灾害及其特点

第一次工业革命之前，整个世界还处于奴隶社会或者封建社会，农业是人们赖以生存的经济基础，我们称此时为传统农业社会。这一时期人们过着自给自足的小农生活，手工业和工商业还不发达，这时期主要以轻工业为主，大都以农牧业产品为原材料，人类的社会活动主要是与自然界打交道，土地即资源，对人类工业活动和自然界的影响还不是很大，故威胁人们生活的灾害主要是自然灾害，而人为灾害为辅。自然灾害是指由于自然原因所引起的并以自然的形态表现出来的灾害，主要是由天文系统以及地球和它的各个圈层运动变化引起的。在人类存在以前就存在的自然灾害，受人类社会活动影响较少。人为灾害是指由于人为原因或者自然原因与人为原因相结合对人类社会、人类生活造成灾难性影响的灾害。这时期的自然灾害按照大气圈、岩

① 陈郁春．依靠科技进步提高宁夏综合减灾能力．宁夏科技，2002（6）．

石圈和生物圈，可以划分为气象灾害和天文灾害、地质灾害和地貌灾害、生物灾害。

这一阶段的人为灾害主要是社会生活灾害，如火灾、战争、社会暴力与动乱等，辅以一些生态灾害，如滑坡、土地沙漠化、水土流失等，这些灾害可能是单纯由自然原因引起的，也可以是人为的，或者两者兼有的。

二、工业社会的灾害

随着第一次工业革命的爆发，资本主义迅猛发展，社会生产力从手工制作中解放出来，机器代替手工劳动，工厂替代手工工场，世界进入机器时代，随着新的棉纺机和蒸汽机的广泛应用，社会对钢、铁、煤的需求量也越来越大，人类不仅进入了蒸汽时代，也跨入了钢铁时代。

工业化走的是一条先污染后治理的道路，早期的工业化一直伴随着较为严重的环境污染。自第一次工业革命以来，人类大量使用煤炭、石油，每年排放到大气中二氧化碳由 19 世纪 60 年代的 0.9 亿吨增加到 20 世纪 80 年代的 50 亿吨。[①] 伴随着城市工业化，矿物燃料的大量使用，灾害的种类也发生了变迁，在这一时期，出现了许多新的灾种。在自然灾害侵袭人类社会的同时，人为的灾害越来越多，威胁着人类的社会安全。

进入工业社会后，虽然现代科技迅速发展，城市化水平提高，人们生活方式、生产方式发生了改变，使人们可以预测一些自然灾害的发生，并进行相应的预防措施，以降低灾害的损失。但是不可否认，自然灾害还是经常肆虐于地球的各个角落，甚至由于城市化水平的提高，造成的损失更加严重。

在自然灾害依旧存在的工业社会，由于污染过度，造成生态破坏，从而出现了许多新的灾种，这些灾害主要是由于人为的原因或者由于人为因素和自然因素相结合而造成的，在此我们称为人为灾害。人为灾害分为生态灾害、工程灾害、社会生活灾害。其中，生态灾害包括自然资源衰竭、环境污染、人口过剩等；工程灾害包括工程塌方、工程爆炸、有害物质泄露、人为森林大火等；社会生活灾害包括交通事故、火灾、战争、社会暴力与动乱等。

而工业社会这些出现的新灾种最具代表性的就是环境污染等环境方面的灾害，如光化学烟雾污染、有害物质泄漏、化学物质中毒、酸雨灾害等。

---

① 章友德．城市灾害学．上海：上海大学出版社，2004. 109.

三、第三次科技革命之后的主要灾害及其特点

第三次科技革命以原子能、电子计算机、空间技术和生物工程的发明和应用为主要标志，是涉及信息技术、新能源技术、新材料技术、生物技术、空间技术和海洋技术等诸多领域的一场信息控制技术革命。这次科技革命不仅极大地推动了人类社会经济、政治、文化领域的变革，而且影响了人类生活方式和思维方式，使人类社会生活和人的现代化向更高境界发展。但是随之也带了许多新的灾害，给人们留下了难以愈合的伤痛。

1. 放射性元素灾害

由于新能源技术、原子能利用的发展，人们相继将这些新科技运用到生产和生活当中，但是由于对其的认识还不充分或者对其的危害性还无法有效控制，这可能会引发新的灾害。例如，自从人类发现了核能，一直千方百计利用核能，核能发电就是人类利用核能造福人类的一种手段，核能发电经济、实用、污染小、成本低、潜力大，开发核能是人类的最佳选择之一，但是核能也能造成大规模的杀伤力，运用不当或操作失误则会发生灾难性事故，如日本福岛核泄漏、苏联切尔诺贝利核电站核泄漏等。

小资料

日本福岛核泄漏

2011 年 3 月 11 日，日本当地时间 14 时 46 分，其东北部海域发生里氏 9.0 级地震，引发海啸，并造成了日本福岛第一核电站冷却系统失灵，导致 1 ~4 号机组发生核泄漏事故，造成核电时代以来又一件大事故，日本官方将福岛第一核电站事故定为 7 级，与苏联切尔诺贝利核电站核泄漏事故等级相同。

事故发生大事件如下：

3 月 12 日，日本福岛县第一核电站 1 号机组 15 时 6 分爆炸后释放大量核辐射造成重大二次灾害。

3 月 15 日早晨，2 号机组传出爆炸声，负责核电站运营的东京电力开始撤离部分工作人员。

3 月 15 日，日本福岛第一核电站四号机组发生氢气爆炸后起火。

3月24日，日本东京电力公司3名工作人员在放射性物质含量较高的水中作业时遭受过量辐射受伤。

3月26日，1、2、3号机组进行直升机喷水。

3月30日，福岛第一核电站排水口附近海域的放射性碘浓度达到法定限值的3 355倍，这是迄今日本在这一水域检测到的最高相关数值。此外，在5号和6号机组排水口北50米处采集到的海水样本显示，放射性碘131的浓度也达到法定限值的1 262倍。

3月30日，日本东京电力公司会长胜俣恒久在公司总部举行的记者招待会宣布福岛第一核电站1~4号机组报废。

4月12日，日本官方将福岛第一核电站事故定为7级，即核事故最高等级，这与苏联切尔诺贝利核电站核泄漏事故等级相同。

据日本经济产业省原子能安全保安院2011年8月26日公布的估算结果显示，福岛第一核电站事故中1~3号机组释放出的放射性元素铯137的总量相当于广岛原子弹爆炸的168倍，事故共释放出1.5万万亿贝克勒尔的铯137，铯137的半衰期约30年，有可能造成长期影响。此外，事故中放射性碘131的释放量为16万万亿贝克勒尔、放射性锶90为140万亿贝克勒尔，分别相当于广岛原子弹爆炸的2.5倍和2.4倍。碘131的半衰期为8天。锶90被人体吸收后会在骨骼内沉积。此次核泄漏对日本的人文、生态、经济等都造成了严重的影响。4月份有报道指出，东日本大地震、海啸及核泄漏三合一大灾难给附近县域岩手、宫城、福岛、茨城和千叶的农业设施和农作物造成严重损害，损失超过8 500亿日元，其中农业设施损失超过8 100亿日元，农作物损失超过400亿日元，若核辐射继续泄漏，农作物损失将会继续扩大，农田若不能尽快修复，将不可避免地影响食品供应。另外，此次福岛核电站的辐射量堪比切尔诺贝利核泄漏事故，对人们的身体素质及生态环境也造成了非常大的影响及危险。4月份就有报道指出有半数的福岛核电站抢修工人已经患病，在随机进行的9位女性的母乳调查中，其中有4位被检测出了放射性碘131；6月份有报道，5月从福岛核电站周围30~40千米内选出的15名被调查者体内都发现了放射性物质。而目前因核电站事故遭放射性物质污染的部分地区，每年的辐射量达到200毫希沃特，而每年的辐射量为20毫希沃特才是让居民回家的安全线，因此9万灾民需长期在外避难，可能需要20年以上的时间污染才能降解，届时灾民才可能回家。这段时间对人体和生态造成的影响目前都是难以估计的。这些地区有可能是另一座“死城”。

资料来源：日本称部分福岛灾民因核泄漏20年后才可回家．新浪网．http：//news. sina. com. cn/w/2011 - 08 - 28/160423064657. shtml，2011 - 08 - 28.

2．空难

1903年，美国莱尔兄弟发明了飞机，并且试飞成功，从此飞机走入了人们的生活，随着第三次科技革命的兴起，航天技术得到进一步的发展，空间技术也有了很大的发展，随之而来的是空难这个新的灾种。

3．恐怖主义事件

恐怖主义活动由来已久，古今有之，各种恐怖事件难以完全统计，目前国际恐怖活动越来越猖獗，手段越来越残忍，特别是9·11事件发生之后，极大地改变了世界的发展历程，不断发生的恐怖事件正将和平的城市变成恐怖主义发泄仇恨和对现实社会不满的试验场。

对于恐怖主义的界定，目前还存在分歧，外文文献中，广泛散布在理论文献中对恐怖主义的定义有上百条之多。[①] 有人将恐怖主义看作“通过个体或群体使用或威胁使用暴力，不论是支持还是反对既有权利，这种行动图谋在目标群体中制造出巨大的焦虑或诱生性恐惧之效果，以达到强迫这一群体统一犯罪者政治主张的目的”[②]。有人则认为恐怖主义是“为了政治性目标，有组织地使用暴力去攻击非武装人员（在特殊意义上应为‘无辜的人’）或他们的财产”[③]。还有人认为威胁使用暴力也属于恐怖主义的内容，因而将恐怖主义定义为“蓄意使用暴力，或威胁说要使用它，以反对无辜的人们，达到使其中一些人在恐吓中去做他们之前根本不会去做之事的目的”[④]。但是无论

① A. P. Schmid. *Political Terrorism - A Research Guide to Concepts, Theories, Data Bases and Literature, The Age of Terrorism.* Boston：Little, Brown & Co., 1987.

② Grant Wardlaw. *Political Terrorism：Theory, Tactics and Counter-Measures.* Cambridge；New York：Cambridge University Press, 1982. 16.

③ Coady, C. A. J. The Idea of Violence. *Journal of Applied Philosophy*, 1986, Vol. 3.

④ Igor Primoratz. What is Terrorism? *Journal of Applied Philosophy*, 1990, Vol. 2.

任何组织以任何借口从事暴力活动，只要把目标指向无辜民众，都应视为恐怖活动，对于这点国际上是基本达成共识的。①

综合以上定义，从灾害学的角度来看，恐怖主义事件是恐怖主义分子或组织为了达到其特定目的，使用暴力或恐吓手段，意在制造无辜人员伤亡或经济等损失的灾害。由于恐怖主义事件具有主观的破坏性，故恐怖主义事件属于人为灾害的一种。例如，9·11恐怖主义事件，从灾害学的角度来讲，则是由于恐怖分子劫机撞击建筑物所造成的以火灾为主导的大型建筑物群坍塌事件。

恐怖主义事件的历史长度决定了恐怖主义事件类型的多样性，从古至今，恐怖主义也有多种多样的实现形式。恐怖主义事件的主要类型有：

（1）绑架人质事件。绑架人质事件是恐怖分子制造恐怖事件的主要途径之一，主要分为以下三种情形：武装绑架、扣押、杀害高管；扣押人质，强迫政府缴纳赎金和提供直升机，企图逃亡；恐怖组织，杀人贪赃。例如，2002年10月23日，俄罗斯莫斯科文化宫发生扣押人质事件，造成118人死亡，罪犯为俄罗斯车臣分裂主义分子；1998年9月29日，俄罗斯驻车臣副代表赛义多夫在格罗兹尼被劫持，一直下落不明，直至当年10月3日在车臣共和国和印古什共和国边界发现其尸体。②

（2）国际爆炸案件。爆炸袭击也是恐怖分子制造恐怖事件的惯用手段，爆炸方式常采用连环爆炸、不同地点同时爆炸等，其中自杀式爆炸攻击是9·11后比较引人注目的恐怖活动形式，这给被炸国家的救援造成一定的困难。自1992年初到2003年底，全世界范围内共发生爆炸恐怖活动案件254起，死亡4 113人，伤19 704人，其中1998年8月7日美国驻肯尼亚和坦桑尼亚大使馆几乎同时发生汽车爆炸，致使257人死亡，5 000人受伤，美国驻肯尼亚大使布什内尔受伤被送进医院。2002年10月12日，印度尼西亚巴厘岛两家夜总会连续发生明显针对外国游客的爆炸案，造成202人死亡，330余人受伤。2003年8月19日发生的联合国驻伊拉克代表处被炸案中，联合国秘书长特别代表德梅洛不幸遇难。

（3）国际劫机事件。自飞机投入使用以来，劫机事件时有发生，但是近

---

① 中国现代国际关系研究所反恐怖研究中心．国际重大恐怖案例分析．北京：时事出版社，2003. 1.

② 刘恩照．国际恐怖主义．北京：世界知识出版社，2006. 95.

年来，随着恐怖主义手段日渐升级，劫机所造成的危害也有所变化。传统的劫机，歹徒往往用于被动的外逃之用，而恐怖主义的劫机事件大多是带有自杀性目的的恐怖活动，或强迫政府释放其同伙，威胁政府的恐怖活动。例如，9·11 事件，就是恐怖分子以劫持客机为手段的自杀式撞击事件。

（4）生化恐怖主义。随着社会的变迁、社会的发展，新的科学技术也应用到了恐怖主义事件当中。先进的生化武器，由于其强大的破坏力而愈加受到恐怖分子或组织的青睐。9·11 之后发生在美国的炭疽热恐慌相信大家还记忆犹新，恐怖分子通过将带有炭疽病菌的邮件寄往美国各大机构，制造恐怖事件。由于人们没有防备，造成大批人员感染炭疽热，造成严重恐慌。[①] 炭疽热是由炭疽热杆菌引起的传染性疾病，人通过呼吸、饮食和皮肤渗透均可受到感染，出现发烧、胸闷等症状，严重者呼吸困难、皮肤青紫，甚至导致死亡。炭疽杆菌的杀伤力很强，据专家估计，如果把 100 千克炭疽杆菌培养液撒在一个城市上空，就会使 100 万人死亡。美国学者奥斯特霍姆说过："一次有效的化学武器投放可以导致数千人死亡，而一次有效的生物武器投放则可以导致数十万人死亡。"[②] 生化武器具有如此大规模的杀伤力，一旦成功，则必然造成巨大的社会反响，这也是恐怖分子对此趋之若鹜的一个原因。

本章学习要点

社会变迁思想的出现，历史悠久，但社会变迁作为社会学专业术语的年代并不久远，最早将"社会变迁"作为关键术语的著作是 1922 年奥格本的《社会变迁》。随着社会的发展，社会变迁的具体含义，各学者众说纷纭，学界目前还无明确定义，本书将其定义为：社会变迁是社会政治、经济、文化、技术与制度结构等各种层次上社会现象的改变，特别是社会结构的变化。造成社会变迁的原因很多，其中，灾害的发生对社会变迁的影响及两者之间的关系是本章的研究对象，即灾害所导致的社会政治、经济、文化、制度等各种层次上社会现象的改变，特别是灾害所导致社会结构的变化。

灾害与社会变迁是一种作用与反作用的关系，两者相互影响。灾害对社

---

① RonBrookmeyer, Statistical Models and Bioterrorism. Application to the U. S. Anthrax Outbreak. *Journal of the American Statistical Association*, 2003, Vol. 98.

② 转引自范明强．社会学视野中的恐怖主义．北京：解放军出版社，2005. 64 ~ 68.

会变迁的影响主要体现在人口变迁、经济变迁、社会结构变迁、科技文化变迁等四个方面。其中，灾害与人口变迁的关系主要表现在人口数量、人口流动、人口结构和人口素质四个方面；灾害与经济变迁的关系主要体现在经济损失方面；灾害与社会结构变迁的关系首先体现在家庭结构的变化方面，其次是社会冲突与变革方面。

社会变迁也对灾害的发生产生着影响。首先，社会变迁影响着灾害发生的种类和频率。随着人类社会的发展和科学技术的进步，传统农业社会的灾害与工业社会、第三次科技革命后的灾害种类已不尽相同，灾害也随着社会的发展增加了许多新的种类，如光化学污染、放射性元素的污染及新兴的恐怖事件等。另外，随着人类活动对自然社会的影响，灾害发生的频率也大大增加。随着科技的进步，一些灾害的发生对人类的影响日渐降低，人们对灾害的防治也导致灾害频率发生变化。

关键术语

社会变迁　人口流动　人口素质

补充读物

1. 夏明方. 民国时期自然灾害与乡村社会. 北京：中华书局，2000.
2. 邓拓. 中国救荒史. 北京：北京出版社，1998.
3. 李文海. 中国近代十大灾荒. 上海：上海人民出版社，1994.
4. 孟昭华. 中国灾荒史记. 北京：中国社会出版社，1999.
5. 池子华. 中国流民史·近代卷. 合肥：安徽人民出版社，2001.
6. 胡鞍钢等. 中国自然灾害与经济发展. 武汉：湖北科学技术出版社，1997.
7. 乌尔里希·贝克. 风险社会. 何博闻译. 南京：译林出版社，2004.

思考题

1. 灾害与社会变迁的关系如何？
2. 社会变迁的内容主要有哪些？
3. 灾害对人口方面造成了哪些影响？
4. 分析灾害发展变化的特点。

第十章 灾害研究的社会学方法

本章概述

灾害社会学的基本研究方法，包括灾害社会学的研究设计、抽样策略、资料收集技术，本章就田野调查、问卷调查、文献研究等研究方法在灾害研究的应用进行了探讨和说明。

灾害社会学的研究方法与主流社会学其他分支学科的研究方法并没有太大的差别，只是其研究的主题有所不同罢了。[①] 其不同之处在于：灾害社会学研究的是非常态下的社会事件及其过程，也就是危机状态下的突发事件和过程。当然，相同之处则是研究对象是相同的，即人。灾害社会学研究的是人们在危机情景下的行为。鉴于它与其他主流社会学分支学科在研究议题上的差异，因此其研究方法也略有不同。本章将介绍灾害社会学家的研究文献中所采用的研究方法。[②]

第一节 研究设计

灾害社会学研究的基本工具包括理论、研究假设、研究设计、抽样方案、

---

① 关于社会学研究方法的教材，可参考国内外的一些经典教材。例如：巴比．社会研究方法基础．邱泽奇编译．北京：华夏出版社，2010；袁方．社会研究方法教程．北京：北京大学出版社，2004；风笑天．社会学研究方法（第3版）．北京：中国人民大学出版社，2009.

② Quarentelli，E. L. Disaster Studies：The Consequences of the Historical Use of a Sociological Approach in the Development of Research. *International Journal of Mass Emergencies and Disasters*，1994，Vol. 11，No. 1.

资料和数据收集的方法以及分析的技术等。对灾害开展社会学研究首先必须做好研究设计或制订研究计划，也就是要明确所要研究的有价值的问题，然后选择合适的方法进行研究。拟定研究计划的步骤与其他社会学分支学科没有什么差别。

一、研究类型

对灾害与社会关系进行研究时，一般有三种研究类型，即探索、描述和解释。不同的研究类型会要求选择相应的方法，在具体的操作程序上也有不同的做法。在许多情况下，这三种研究类型之间的区别并不是泾渭分明的，但它们各有自己的特点。

1．探索性研究

探索性研究（explorative study）是一种对所有的现象或问题进行初步了解，为以后开展更为严谨周密的研究打下基础。之所以要开展这一类型的研究，是因为研究者对所要研究的现象或问题比较陌生，如“非典”流行对社会公众心理产生的影响，这一研究议题是比较新颖的，因为2003年发生的“非典”在我国是第一次，人们对“非典”的认知仍处于空白，也缺乏相关的研究文献。因此，研究者应该采用探索性研究的方法，对这个问题进行初步的了解。

2．描述性研究

描述性研究（descriptive study）是结论性研究的一种，顾名思义，这种研究的结果，就是要描述出某些事物总体的特征或功能，具体地说就是要描述市场的特征或功能。例如，对中国近几十年来艾滋病感染情况进行统计调查和抽样调查，主要目的是了解艾滋病感染人群的发展状况与趋势。

3．解释性研究

解释性研究（interpretive study）的目的是要获取有关起因和结果之间联系的证据。因果关系研究的目的包括下述内容：了解哪些变量是起因（独立变量或自变量），哪些变量是结果（因变量或响应）。确定起因变量与要预测的结果变量间的相互关系。例如，关于灾害发生的过程中人们恐慌行为的影响因素，就属于这类研究类型。

二、选题与文献回顾

爱因斯坦曾说："提出问题比解决问题更重要，因为解决问题也许仅仅是一个数学上或实验上的技术而已。而提出新问题、新的可能性，从新的角度去看旧的问题，都需要有创造性的想象力，而且标志着科学的真正进步。"①

前面我们谈到，许多学科都有关于灾害的研究。那么，社会学研究者在研究灾害时有什么独特的视角呢？或者说它比较关注的是什么样的问题？当我们以社会学研究者的身份对灾害问题开展研究时应该如何选题？

（一）选题

在实践中，人们通常采用以下几种标准来作为选题的依据：重要性、创造性或前沿性、可行性。

1. 重要性

重要性包括两个方面的意义：①理论方面的意义或价值，主要体现在研究问题对一门学科的发展、对某种理论的形成或检验、对社会规律的认识、对社会现象的解释等所能作出的贡献上。②实践方面的意义或价值，则主要体现在研究问题对现实社会生活所提出的各种具体问题能否进行科学的回答和能否提供合理的解决办法上。

2. 创造性或前沿性

最具创造性的课题当然是那种全新的、前人没有做过的课题，这也就是人们常说的属于"填补空白"的课题。然而，要找到一个这样的课题也最为困难。有些被大众暂时忽视的课题可能蕴涵着重大的学术价值，当那些独具慧眼的人发现它们的价值，并通过他们的研究成果把这些专题推向社会与学术界之后，它们才有可能重新受到关注。

3. 可行性

可行性指的是研究者是否具备进行或完成某一研究课题的主客观条件。主观条件包括研究者的生活经历、知识结构、研究经验、组织能力、操作技术；客观条件包括科研组织及其智能结构。物力是指完成课题的文献资料、实验仪器设备、材料；财力是指保证课题顺利进行所必要的研究经费的来源

① 爱因斯坦，英费尔德．物理学的进化．周肇威译．上海：上海科学技术出版社，1962. 66.

与数目。

当然，灾害社会学在选题方面与其他社会科学学科有所不同，它更关注灾害与社会之间的关系，我们从《群体性突发事件与灾害研究国际期刊》这一社会学刊物中可以看到这个特点。在其1983年3月创刊号所发表的12篇论文当中，大多数论文围绕家庭对灾害的适应问题展开讨论，其他的论文则讨论灾害中人与人之间相互支持的问题。而到了2010年的第1期，所发表的论文则主要是有关社会资本与灾害应对、灾害中的危机沟通、灾后重建等问题。

（二）文献回顾

文献回顾又称为文献评论，指的是对与研究主题相关的前人的研究文献进行综述或评论。其目的是了解前人对相关问题的研究状况或研究成果，以便为目前的研究提供合适的研究思路和研究方法。缺乏文献回顾的研究很难在研究中有所创新，因为不了解前人的相关研究很可能导致重复研究，无法找准研究的方向。近几十年来，有关灾害方面的研究文献层出不穷。

要了解前人的相关研究成果，就要学会文献的检索方法。

社会科学研究最主要的文献来源通常包括三部分：相关的著作、相关论文、相关的统计资料和档案资料。

1. 著作

熟悉中文图书分类法，以此检索所需图书。不仅要查阅所在大学图书馆的藏书，也要查找有关大学图书馆目录，还要查找国家图书馆藏书。如果某个地方或大学的图书馆没有相关著作，可以通过互借渠道，从国家图书馆借阅，也可以通过“网络图书馆”来借阅图书。例如，从超星图书馆或书虫等网络图书馆查找所需的著作和论文（有20世纪20—30年代的部分论文）。对于国外的著作，可通过数据库搜索，如Wiley-Blackwell、NetLibrary等，不过这些数据库所收藏的外文图书比较有限。

2. 论文

查阅中文论文的方法有多种。一般是先查阅某一研究方向的相关评述以了解某个问题的研究动态，或通过阅读某一学科主流刊物的文章以了解这方面的情况。可通过中国学术期刊网、维普中文期刊全文数据库、全国报刊资料数据库、人大复印报刊资料全文数据库、优秀博硕士学位论文全文数据库等查阅相关论文。英文论文可通过EBSCO学术商业数据库、PQARL学术数据库、JSTOR学术过刊数据库、PQDD学位论文库、ProQuest博士论文全文数据库等查阅。国际社会学学会（International Sociological Association）的学术刊物《群体性突发事件与灾害研究国际期刊》应是我们参考阅读的重点，其网址是http：//www. ijmed. org/，该网址公开了自1983年3月创刊以来的所有论文，读者可以免费查阅和下载。

总之，查阅相关文献主要考虑的因素是文献的相似性、文献发表的时间、研究者在该领域的学术影响。对相关研究问题进行文献回顾要重点掌握该文献的理论框架和研究背景、研究方法、重要结果。

三、研究方式的选择

下面我们以《群体性突发事件与灾害研究国际期刊》所发表的论文为例，简要说明灾害社会学的四种研究方式。

（一）问卷调查研究

问卷调查研究方式是指采用自填式问卷或结构式访问的方法，系统地、直接地从一个取自总体的样本那里收集量化资料，并通过这些资料的统计分析来认识社会的一种研究方式。询问是其收集资料的主要方法；抽样、问卷、统计分析是其基本元素。

与其他社会科学研究领域一样，20世纪80年代之后，从事灾害研究的学者开始日益注重定量研究方法的应用，问卷调查已成为他们获得第一手资料的主要手段。例如，2010年《群体性突发事件与灾害研究国际期刊》所刊登的“北卡罗莱娜伊莎贝尔飓风中影响撤离的因素”一文就是通过对2003年北卡罗莱娜伊莎贝尔飓风所影响的七个地点进行抽样和问卷调查后，对影响受灾地区居民的撤离行为进行统计分析。①

（二）田野调查研究

田野调查研究的基本特征是深入所研究对象的生活环境，作为其中的一员与他们共同生活一段相当长的时间，通过参与观察和询问，去感受、感悟

① Jennifer A. Horney，Pia D. M. MacDonald，Marieke Van Willigen，et al. Factors Associated With Evacuation from Hurricane Isabel in North Carolina，2003. *International Journal of Mass Emergencies and Disasters*，2010，Vol. 28，No. 1.

研究对象的行为方式及其在这些行为方式背后所蕴涵的文化内容，以逐步达到理解研究对象及其社会生活的目的。这种方法在灾害研究中一直占有重要的地位。

2010 年《群体性突发事件与灾害研究国际期刊》刊登的“灾害的影响与灾后的活动：叙事卡特里娜飓风受灾社区的重建历程”一文就是通过深度访谈（in-depth interview）获得有关卡特里娜飓风和里塔飓风的第一手定性资料以研究灾害对人们心理和行为的影响以及灾后重建活动的开展过程。①

（三）文献研究

文献研究是一种利用第二手资料研究的方式。具有很明显的间接性、无干扰性和无反应性。可分为内容分析、二次分析和现存统计资料分析三种类型。从事灾害历史和灾害新闻传播研究的学者倾向于采用这种研究方式。

例如，1996 年《群体性突发事件与灾害研究国际期刊》发表了一篇名为“反思风险与旧论重提：澳大利亚的新闻报纸对森林大火的报道”的论文，该文对 1994 年澳大利亚的新闻报纸对森林大火的报道进行了内容分析（content analysis）。这就是典型的文献研究。②

（四）实验研究

实验是一种在高度控制的条件下，通过操纵某些因素来研究变量之间因果关系的方法。在实验研究中，研究者通过引入、控制或操纵某个变量，同时观察一个变量所发生的变化，以此来探讨不同现象之间的因果关系。

在灾害研究领域，这种研究方式正日益得到重视。一些研究者通过模拟灾害场景来观察人们的应急反应和心理影响，如模拟地震场景以观察人们的避灾行为。1994 年 8 月《群体性突发事件与灾害研究国际期刊》刊登的“帕克菲尔德地震预报实验的‘A’级警报：对组织应急的一项描述”一文就是采

① Tim Slack，Candice Myers，Joachim Singelmann，et al. Impacts and Activities Following Disaster：Narratives on Recovery in Hurricane-Affected Communities. *International Journal of Mass Emergencies and Disasters*，2010，Vol. 28，No. 1.

② McKay，Jennifer. Reflecting the Hazard or Restating Old Views：Newspapers and Bushfires in Australia. *International Journal of Mass Emergencies and Disasters*，1996，Vol. 14，No. 3.

用实验研究方法就有关组织对地震预报应急反应过程进行分析。[①]

不同学科的社会研究者在进行经验研究时，往往习惯于或者倾向于使用其中的某一种方式。例如，心理学者倾向于实验研究，社会学者倾向于问卷调查研究，人类学者倾向于实地研究，传播学者倾向于文献研究。这四种方式也可以说是四种不同的研究策略，它们各有利弊。

第二节　田野调查

灾害往往是突然发生的，因此在大多数情况下灾害研究也具有“应急”的特征，这与其他社会学分支学科有显著的差别。一旦灾害发生，研究者就必须立即作出反应，迅速确定好研究方案并赶赴灾害现场进行田野调查、访谈或问卷调查。而田野调查（field study）方法在灾害社会学研究中占有极其重要的地位。早期的美国社会学家在从事灾害研究时就像是一个快速反应部队，他们能够迅速地组成调查小组开赴灾害发生地开展田野调查，这种研究被称作“快速反应研究”（quick response studies）。例如，科罗拉多大学自然危险中心的田野调查工作一直开展得非常出色，常年受到该大学小型基金项目的资助。美国一些地区的灾害发生后，研究人员的研究项目申请能得到迅速的回应。

一、进入田野调查地点

灾害研究人员一般是通过新闻媒体获得有关灾害发生及灾害状况的信息的。这些信息往往成为他们选择田野调查地点的最早依据。不过，新闻媒体的信息虽然快捷，却存在许多缺陷，如信息的准确性较低。因此，如果仅仅依靠新闻媒体的信息，最终可能会选择不到较为理想的田野调查地点。那么，如何选择田野调查地点呢？灾害作为一个非常态事件，与一般田野调查所面临的研究议题不同，故在选择田野调查点时所考虑的因素也不尽相同。一般

① Fitzpatrick, Colleen. The First “A” Alert of the Parkfield Earthquake Prediction Experiment: A Description of Organizational Response. *International Journal of Mass Emergencies and Disasters*, 1994, Vol. 11, No. 2.

而言，在较短的时间内，田野调查者倾向于对一个或几个地点展开调查。因此，从事灾害研究时选择田野调查的时间和地点需要考虑以下几个方面的因素：

（1）进入什么样的地点更好？可以根据灾害严重程度进行选择。人们倾向于选择受灾较严重的地区作为田野调查地点是有道理的，因为在这样的地区开展调查，更有助于了解人类行为与灾害的关系。但这并不等于说受灾程度较低的地区就没有研究的价值。为什么这个地区受灾较少，是地理位置的原因还是人们防灾意识或防范措施的原因？通过对不同受灾地点的调查也许更能够了解灾害的特性以及与人类行为之间的关联。

（2）什么时间进入调查地点？在灾前、灾时或灾后，田野地点的选择也不同。灾害正在发生，立即开展田野调查非常重要，因为这是研究灾害威胁与人类反应的最佳时机，有关灾害的信息往往具有稍纵即逝的特点，需要及时捕捉。但在灾前或灾后开展调查也有一定的意义，例如，可以研究人们在灾前的行为，尤其是在灾害频繁发生的地区，人们平时是如何应对可能发生灾害的，他们如何看待可能发生的灾害。而在灾后则可以侧重了解人们如何重建家园，以及灾害对个人、社区的影响。

（3）以何种角色进入？在灾害正在发生的时候进入田野调查地点，必然会遇到角色身份的问题。例如，正在发生严重洪水灾害，这个时候调查者如果只是作为非参与观察者对受灾者袖手旁观就会面临道德的质疑。这时候，调查者如果能够以救援者的角色进入受灾地点，并通过参与式观察实现调查的目的，这也许是一个比较好的处理方式。如果是在灾前或灾后进入，则应向调查地点的人们表明自己的目的和身份，以免产生误解。应用通俗易懂的语言说明，而不是使用深奥的学术词汇来解释自己研究的重要性。

（4）通过正式渠道进入还是通过非正式渠道进入？前者一般指的是通过正式行政体制自上而下进入。例如，由大学开具介绍信，到灾害发生地所属省区，再由该省区介绍到某市县，然后由市县的行政部门介绍进入到调查地点。这种方式的好处是，由于得到官方的认可，从而容易获得地方管理机构的相关资料和数据。但缺点是所需办理的手续以及进入的程序步骤比较烦琐，可能会耗费较多的时间，同时有可能遭到有关机构或部门的拒绝，从而使得调查项目陷于流产。非正式渠道的进入则是指通过亲朋好友、老师同学或熟人等非正式关系的介绍进入调查地点，或甚至不经过任何人的介绍直接进入调查地点。通过非正式关系进入的优点是容易获得调查地点的人们的信任与配合。而不经介绍直接进入的优点是能够节省较多的时间，在第一时间赶到灾害现场，但不容易获得调查地点的人们的信任与支持。例如，2010 年 8 月中国甘肃省舟曲发生泥石流灾害，当地政府对进入灾区的人员是有严格限制的。当地政府要求各市州、各部门、中央在甘各单位、各企事业单位除经省抢险救灾指挥部批准直接参加救援工作需要赴灾区的人员外，近期不要自行安排人员和非救援车辆前往灾区，非抢险救援人员暂时不要自行前往灾区。[①] 在这种情况下，在这个时候要对该地区进行田野调查就会面临一些问题。

综上，我们可以看到在某些国家和地区，要对发生灾害的地区开展田野调查最好先得到当地政府部门的许可，这样才有可能使田野调查顺利进行。

二、出发前的准备工作

研究者进入田野调查地点前必须了解该地区的背景情况，并对可能的灾害影响作出充分的评估。在出发之前应做好以下几项准备工作：

第一，预知灾区可能的风险。在灾害频发或灾害正在发生的地区开展调查，需要有充分的准备。首先要通过查阅相关资料、向有关专家咨询等方式了解该地区的灾害历史和相关灾害的应对措施，以确保调查的安全性。其次，配备相应的灾害应急工具。可根据不同的灾害类型和灾情配备应急所需的工具，带上急救包和其他紧急医疗用品。尤其值得注意的是，灾情严重的地区其基本的生活设施有可能已经丧失功能，因此需要尽可能带上一些应急用品，并尽可能确保通信设备处于正常的状态。

第二，准备田野调查所需的物品。身份证、介绍信或其他可以证明身份的证件是必需的。另外，带齐调查所需的工具，如笔记本、录音笔或录音机、照相机、摄像机等。

三、田野调查中的观察

在对灾害问题开展田野调查时，观察法是很重要的方法。一般而言，田野调查中观察分为非参与观察和参与观察两种。非参与观察（non-participant

---

① 中新网．国办通知要求志愿者现阶段不要自行前往舟曲灾区．http：//www. chinanews. com/gn/2010/08 – 10/2458983. shtml.

observation)，也称局外观察，就是观察者不加入被观察者的群体，不参与他们的活动，完全以局外人或旁观者的身份进行观察。这种方法的突出特点就是要使被观察者意识不到他们正在被观察，保证他们在极其自然的、不受观察者任何干扰的环境中行动，以避免因被观察者感到不自在而影响到观察结果的真实性和准确性。一般而言，非参与观察比较客观、公允，但不够深入，看到的多是一些表面的甚至是偶然的社会现象，所获得的也多是感性知识。它比较适用于对某些公共场所或某些公众活动中人们行为和表现的观察。这种方法在灾前或灾后采用比较合适，但在灾害正在发生时如果以局外人的姿态在受灾地区“袖手旁观”，就会使研究者陷于道德危机之中，最终导致田野调查失败。因此，参与观察法在灾害发生时可能是更为恰当的田野调查方式。

参与观察（participant observation）就是研究者深入到所研究对象的生活背景中，在实际参与研究对象日常社会生活的过程中所进行的观察。灾害正在发生时，调查者通过对灾害的救援行动的参与，实际上已经与当地的民众融为一体，成为灾区的一员。在救援过程中留意和观察受灾民众的行为以及灾区的变化并将所观察到的事物详细地记录下来。但在灾前和灾后，这种参与观察的方式则有所不同。在灾前和灾后，参与观察就是深入到当地的居民生活之中，以当事人的角度观察并理解与灾害有关的事件以及民众防灾和灾后重建的行为。不过，灾害研究者进行田野调查时，其参与观察贯穿灾时和灾后较长的时段，即一旦进入发生灾害的地区，研究者便以救援者的身份进入同时开展参与观察，然后又参与到灾区的灾后恢复与重建工作之中。

四、田野调查中的访谈法

访谈法（interview）是指是通过研究者或访谈人员与受访人面对面地交谈来了解受访人的心理和行为的基本研究方法。因研究问题的性质、目的或对象的不同，访谈法具有不同的形式。访谈法的运用面比较广，能够简单而叙述地收集多方面的工作分析资料，因而深受人们的青睐。

根据访谈进程的标准化程度，访谈法可分为结构型访谈和非结构型访谈，但在田野调查中，访谈法一般指的是非结构型访谈（unstructured interview）。这种访谈又称为深度访谈或自由访谈，即不依据事先设计的问卷和固定的程序，而是只有一个访谈的主题或范围，由访谈员与受访人围绕这个主题或范围进行比较自由的交谈。它的优点是弹性大、灵活性强，有利于充分发挥访谈双方的主动性和创造性。与结构型访谈相比，非结构型访谈的最大特点是深入、细致。但是，这种访谈方法对访谈员的要求比较高；这种访谈方法所获得的资料难以进行统计处理和定量分析；而且特别耗时，使得访谈的规模受到较大的限制。

在有关灾害问题的田野调查研究中，访谈法适用于灾前、灾时和灾后的各时段。

五、田野调查的优缺点

田野调查与其他研究方式不同之处在于，它既是一个资料收集的过程，也是理论形成的过程。它“通过尽可能全面的、直接的观察和访谈，收集具体、详细的定性资料，依靠研究者的主观感受和体验来理解所得到的各种印象、感觉以及其他资料，并在归纳、概括的基础上建立起对这些现象的理论解释”。①

田野调查的最大优点是它的直观性。相对于问卷调查的表面化、简单化的缺点，田野调查能够通过深入的观察和亲身的体验，较全面地理解所调查对象的心理与行为。与直观性相联系，田野调查法的另一重要优点是它的可靠性。田野调查特别是非介入性的调查方法，它主要是观察者单方面的观察活动，一般不依赖语言交流，不与被观察者进行人际交往。因此，它有利于对不能够或不需要进行语言交流的社会现象进行调查，有利于排除语言交流或人际交往中可能发生的误会和干扰。田野调查，特别是参与观察，有利于直接与被观察者接触，有利于在与被观察群体的共同活动中同观察者建立感情、增进信任和友谊，并在此基础上深入、细致地了解被观察者在各种不同情况下的具体表现。田野调查法简便易行，适应性强，灵活性大，可随时随地进行，观察人员可多可少，观察时间可长可短，只要到达现场就能获得一定的感性知识。因此，它是一种使用得最为广泛的调查方法。

不过，田野调查法也存在一些缺点。田野调查法的最大缺点是它的表面性和偶然性。它的另一个缺点是受时间、空间等客观条件的限制。田野调查的对象和范围有很大的局限性。田野调查不可避免地会产生一定的观察误差，而且观察结果往往取决于观察者的主观状况。此外，田野调查往往需要花费

---

① 风笑天．社会学研究方法（第3版）．北京：中国人民大学出版社，2009. 281.

较多的人力和时间，获得的资料往往不利于进行定量研究等，也是田野调查法难以避免的缺点。

第三节　问卷调查研究

问卷调查研究指通过调查问卷或结构式访问的方法，收集某个或某些社会群体的相关资料，并通过对资料的统计分析来认识社会现象及其规律的社会研究方式。[①] 因此，问卷调查研究可以定位为定量研究，其收集的资料以数据化为特征。目前，社会科学研究领域中的许多经验研究或实证研究大量采用问卷调查方法获取资料，由于其资料的数据化特点，在从事这种研究时，就必须首先对研究所涉及的相关核心概念进行测量和操作化。

一、概念的测量与操作化

在日常生活或自然科学中，对事物进行测量非常普遍，如人们测量自己的身高、体重，自然科学家使用精密的测量仪器测量各种自然现象。但对社会科学研究对象的测量就没有那么容易，因为这涉及有主观意识的人。对社会现象进行测量很有可能受到人们主观态度和价值观的影响，这个测量过程相对于自然科学就显得更为复杂。例如，要测量地震灾害给灾区的人们带来的心理创伤、洪水灾害给农民家庭经济收入所产生的影响就远比使用体温器测量人的体温的难度大得多。

二、抽样方法的选择

在灾前或灾后对某个地区开展问卷调查研究，需要一定的抽样方法以选择调查样本。因为通过抽样的方式进行调查可以节省大量的经费、时间和人力，并可了解总体状况。当然，有时候有关部门对灾区也进行普查，但这样的普查所获得的资料和数据一般是比较宏观的和表面的，往往不能满足学术研究的需要。因此，抽样调查可以通过小部分灾害频发地区的情况达到掌握

① 风笑天．社会学研究方法（第3版）．北京：中国人民大学出版社，2009. 159.

整体情况的目的。

三、问卷设计

有关灾害的调查问卷最好由对灾害问题有丰富的研究经验并在灾区从事过田野调查的人来设计。如果缺乏灾害田野调查的经验，很难设计出一个好的调查问卷。对于那些缺乏灾区田野调查经验的人而言，以往其他学者所设计的问卷应是一个很好的参考。不过值得注意的是，这些旧的问卷可能并不完全适合对新灾区的调查，应在其基础之上进行修订与完善，以适应不同类型的灾情或不同类型的受访者。

四、问卷调查的实施

在灾区开展问卷调查与在常态下在其他地区调查有许多不同之处，其实施的难度会比较大。由于灾害导致人们日常生活被打乱，人口的分布或居住的格局可能与平时大相径庭，可能很难再通过正常的抽样方法来选择被访者。另外，要在短时间内召集一定数量的、素质较高的调查人员也比较困难。一位美国灾害研究者认为，缺乏资金的支持往往是研究者试图在灾后迅速开展问卷调查的最主要障碍①。因为灾害突如其来，申请调查研究经费并迅速获得资助的可能性极低，除非有相应的应急研究机构为这样的研究提供快速的资助。

不过，灾后从事问卷调查研究也有一些便利条件可以利用。因为灾害的缘故，受灾者可能暂时还不会正常工作，也有可能集中在避难所中生活，这些都可能为调查人员开展问卷调查提供方便。有时进行电话问卷调查（telephone surveys）也是不错的调查方式。②

---

① Robert A. Stalling. Methodological Issues. In：Havidan Rodriguez，Enrico Louis Quarantelli，Russell Rowe Dynes，et al. *Handbook of Disaster Research*（*Handbooks of Sociology and Social Research*），New York：Springer，2007. 65.

② John E. Farley，Hugh D. Barlow，Marvin S. Flnkelstein，et al. Earthquake Hysteria，Before and After：A Survey and Follow-Up on Public Response to the Browning Forecast. *International Journal of Mass Emergencies and Disasters*，1993，Vol. 11，No. 3.

第四节　文献研究

在人类所遭遇的灾害事件中，有许多都有文字的记录。它们以著作、文章、新闻报道、研究报告，甚至个人的日记、回忆录等方式保存下来，与此相关的灾害记录还有照片、录音和视频等资料。这些资料无疑都是从事灾害研究的人们不可忽视的重要文献。

一、灾害文献的类别与来源

研究灾害的文献资料来源主要有以下类型：

1. 日记、回忆录和自传

日记、回忆录和自传都是当事人亲自所写的第一手文献。对于研究过去发生的某一灾害事件以及对人们的思想、感情和行为所产生的影响来说，有较高的价值。

2. 报刊

报刊是文献研究中用得较多的资料来源之一。从报刊的版面、封面、标题，到刊登的文章、消息、报告等，都是人们进行社会研究尤其是采用内容分析方法进行研究时所采用的材料。但使用这种文献时需要思考一些关键的问题：报道者的立场是否对灾害事件的客观性产生了影响?

3. 官方统计资料

这种资料包括人口普查、各级政府部门和各级专业机构的月统计报表、年统计报表等。使用这些资料时需要持有这样的疑问：这些资料或数据是否有水分？数字背后的真实含义是什么？

4. 历史文献

有关灾害的历史资料应该是非常丰富的，后人可以从大量的历史文献中挖掘相关资料开展研究。不过，社会学者利用历史文献可能与历史学者不同。后者的研究重点在于陈述和解释历史事件的来龙去脉，揭示历史的真相，但社会学者的侧重点则是从以往的灾害事件中探讨灾害与人类社会之间的关系。

二、文献研究的方法

具体而言，文献研究方法主要有如下三种：

1．内容分析

内容分析是20世纪才开始兴起的一种文献研究方法。它通过考察人们所写的文章，书籍，日记，信件，所拍的电影、电视及照片，所创作的歌曲、图画等，来了解人们的行为、态度和特征，进而了解和说明社会结构及文化变迁。

内容分析的最大优点是省钱又省时，它还允许我们研究在一个长时期中事件发生的过程。内容分析是一种非干扰性的研究方法，它不会打扰我们的研究对象，不会对这些研究对象产生影响。内容分析也有自身的弱点，它只局限于对记录下来的信息进行分析和研究。同时，资料的有效度也存在一定的问题。

2．二次分析

二次分析也称第二手分析，指的是对那些由其他人原先为别的目的收集和分析过的资料所进行的新的分析。这种方法一般分为两种类型：一是从他人为研究某一问题而收集的资料中，分析与该问题所不同的新的问题；二是用新的方法和技术去分析他人的资料，以对他人的研究结果进行检验。

二次分析具有省时、省钱、省力的优点。它可以使研究人员从复杂辛劳的原始资料收集工作中，以及单调、枯燥的数据登录、输入等工作中解脱出来，以便集中更多的时间和精力来分析资料。二次分析的另一个优点是特别适合于比较研究和趋势研究。二次分析的主要缺点在于其资料的准确性或适用性需要考虑。

3．现存统计资料的分析

现存统计资料的分析与第二手分析有一个相似的地方，就是它们所用的资料都是他人已收集好的。只是第二手分析所用的是原始数据资料，而现存统计资料的研究者利用那种以频数、百分比等统计形式出现的聚集资料。

现存统计资料分析的信度在相当大的程度上依赖于统计资料本身的质量。有时政府的统计数据有很大的水分。

本章学习要点

灾害社会学的研究方法与主流社会学其他分支学科的研究方法并没有太大的差别，不同之处在于：灾害社会学研究的是非常态下的社会事件及其过程，也就是危机状态下的突发事件和过程。

灾害社会学的研究类型主要有探索性研究、描述性研究和解释性研究。灾害社会学的研究方式主要有文献研究、调查研究和实地研究。

在进行调查研究时可采用概率抽样和非概率抽样的方法选取样本。

在灾区开展问卷调查与在常态下在其他地区调查有许多不同之处，其实施的难度会比较大。灾害突如其来，申请调查研究经费并迅速获得资助的可能性极低，除非有相应的应急研究机构为这样的研究提供快速的资助。不过，灾后从事问卷调查研究也有一些便利条件可以利用。

关键术语

文献研究　调查研究　田野调查

补充读物

1. 风笑天．社会学研究方法（第 3 版）．北京：中国人民大学出版社，2009.

2. 巴比．社会研究方法基础．邱泽奇编译．北京：华夏出版社，2010.

思考题

1. 社会学研究方法应用于灾害研究有什么特殊性？
2. 灾害研究的类型有哪些？
3. 灾害研究的方式有哪些？
4. 认真阅读相关刊物的学术论文，了解不同研究方式的具体做法。

后 记

近年来，随着突发事件和灾害的频繁发生，灾害研究备受自然科学和人文社会科学各学科的重视，成为一个新兴的多学科研究领域。由于具有独特的理论和方法体系，社会学对灾害的研究令人关注。然而，灾害社会学作为社会学的一个分支，其发展尚未成熟。为了给这一学科分支的研究和教学添砖加瓦，自2009年元月起我们便开始编撰这本书，至今已历时两年多。在编撰过程中，我们主要依赖于中英文的相关学术著作、学术论文和一些国家应急管理机构进行培训时使用的教学提纲。从大量的学术研究文献中选取受到广泛认可的研究成果，并将其整理、编撰成《灾害社会学》一书，这并非易事。本书无疑是不成熟的，我们仅仅是把已经发表过的其他学术研究文献的资料、观点、研究成果汇集在一起，这些研究成果和资料有不少来自国外的文献，有些来自国内学者的论著，也有一些我们自己的研究成果和不成熟的观点。总之，限于我们的水平，本书十分肤浅粗糙，需要将来不断地增补和修订。

《灾害社会学》第一章至第四章、第十章由梁茂春编写，第五章由周祖竣、蒋杭君、马欢、张曼编写，第六章由雷景程编写，第七章由沈阳编写，第八章由左晴、蒋杭君、马欢、张曼编写，第九章由胡长静编写。在各章编撰完成后，主编对全书做了统稿工作。

感谢广东省人民政府应急管理办公室专项基金、广东省“211工程”三期重点学科建设项目“应急管理理论与实务”基金给予本书编撰工作的大力支持。

梁茂春

2011年11月28日

图书在版编目（CIP）数据

灾害社会学/梁茂春主编．—广州：暨南大学出版社，2012.5
（应急管理理论与实务丛书）
ISBN 978-7-5668-0114-2

Ⅰ.①灾… Ⅱ.①梁… Ⅲ.①灾害学：社会学 Ⅳ.①X4-05

中国版本图书馆 CIP 数据核字(2012)第 022214 号

出版发行：暨南大学出版社

地　址：中国广州暨南大学
电　话：总编室（8620）85221601
营销部（8620）85225284　85228291　85228292（邮购）
传　真：（8620）85221583（办公室）　85223774（营销部）
邮　编：510630
网　址：http：//www.jnupress.com　http：//press.jnu.edu.cn

排　版：广州市天河星辰文化发展部照排中心
印　刷：广州市怡升印刷有限公司

开　本：787mm×960mm　1/16
印　张：13.75
字　数：243 千
版　次：2012 年 5 月第 1 版
印　次：2012 年 5 月第 1 次
印　数：1—2000 册

定　价：28.00 元

（暨大版图书如有印装质量问题，请与出版社总编室联系调换）